Victoria (Anvers, 1996)

LES GRANDS SINGES

PASCAL PICQ
DOMINIQUE LESTEL
VINCIANE DESPRET
CHRIS HERZFELD

LES GRANDS SINGES

L'HUMANITÉ AU FOND DES YEUX

PRÉFACE DE
FRANS DE WAAL

Odile Jacob

15, rue Soufflot
75240 Paris Cedex 05

ISBN 2-7381-1659-0
www.odilejacob.fr

Sommaire

Préface

Frans de Waal [1]

Lors d'un récent congrès scientifique qui réunissait tous les experts des grands singes du monde entier, il nous a été demandé quel était le moment de notre carrière que nous considérions comme crucial. Étaient présents aussi bien d'éminents biologistes de terrain que des chercheurs en laboratoire, ou encore des personnes comme moi, qui se situent quelque part entre les deux. Nous avons tous mentionné le premier contact oculaire établi avec un grand singe. C'est à ce moment que nos vies ont changé, à ce moment que nous avons voulu en savoir plus sur ces créatures avec lesquelles nous avons instantanément ressenti une parenté.

Si l'on trouve chez nombre d'autres animaux des yeux dans l'axe du front, rien n'est comparable à ceux des grands singes lorsque vous rencontrez leur regard. Ils nous observent avec la même curiosité, nous dévisagent avec le même regard dogmatique, avec la même intensité émotionnelle que nous le faisons. Regarder un grand singe dans les yeux n'est en rien comparable avec le fait de fixer les yeux « vides » d'un hibou, ou même ceux d'un chat. Le grand singe est notre égal.

Nombreux sont ceux – y compris parmi les intellectuels français – qui font l'erreur d'interpréter la relation entre évolution et dignité humaine comme un jeu à somme nulle – comme si ce que nous donnions à l'un devait être retiré à l'autre. J'aimerais que ce débat sur l'évolution se concentre davantage sur la beauté intrinsèque de l'idée et moins sur le fait de savoir où nous, humains, devons nous placer. Pour ma part, c'est l'inverse: plus j'en apprends sur nos origines et sur ce que nous partageons avec les autres formes de vie, plus je me sens conforté dans ce lien. Ce lien est si évident que lorsque Darwin a établi que nous descendions du singe, il n'est pas allé assez loin.

Nous *sommes* des singes. L'histoire veut que Linné ait attribué à l'humanité un genre propre, *Homo*, dans le seul et unique but d'éviter les problèmes avec le Vatican. Il savait combien fragiles étaient les arguments en faveur de l'établissement d'une classification distincte.

Et, avec un ADN semblable à 98,5 % à celui des chimpanzés et des bonobos, nous n'avons absolument aucune raison de nous en distinguer.

Bien entendu, si l'on se fie à l'image caricaturale du chimpanzé qu'ont la plupart des gens – celle de bouffons grimaçants et déguisés qu'aime à nous montrer Hollywood –, il n'y a aucune raison de reconnaître notre parenté. Mais n'oublions pas que nous sommes ceux qui les ont affublés de ces vêtements ridicules et qui, souvent sous la menace d'une punition, les ont fait agir de façon aussi stupide. Ce ne sont que des stratagèmes pour garder nos distances.

Ce ne sont pas là les singes que je connais : laissés à leurs occupations, les singes sont bien plus dignes, intelligents et sympathiques. Lorsque des photographes parviennent à capturer des expressions et des instants qui montrent les singes de la façon dont ils se comportent entre eux, ils ont souvent l'air bien plus humains que lorsqu'on leur intime d'agir de telle ou telle façon. Si l'on me comparait à un singe, je ne me sentirais nullement offensé. À vrai dire, je préfère même la personnalité de certains singes à celle de certains humains de ma connaissance.

Pour les biologistes, la question de l'évolution n'est pas affectée par le désir de maintenir les humains sur un piédestal. Cette idée a été depuis longtemps abandonnée. Il est évident que nous tous, mammifères, avons des poils et des mamelons, des yeux, un foie, un cœur et un cerveau – et que cette organisation de base est restée inchangée depuis près de 200 millions d'années. Le singe est là pour nous rappeler d'où nous venons.

L'idée selon laquelle la vie sur Terre, dans toute sa diversité, depuis la plus minuscule fourmi à la plus énorme baleine, renverrait à une et une seule origine et serait le produit d'un seul processus, est, je pense, une pensée très inspirée. « Il y a de la grandeur dans cette vision de la vie », notait Charles Darwin, ce qui poussa le regretté Stephen Jay Gould à s'exclamer : « Pour notre plus grande joie, la réalité empirique de l'évolution est à des années-lumière de tous les mythes sur les origines de l'homme. »

Le livre que vous tenez entre vos mains se concentre sur la face et les yeux des singes anthropoïdes. Par là même, il nous invite à partager un peu de l'excitation ressentie et décrite par les spécialistes lors d'un contact oculaire direct avec un grand singe. Et en faisant abstraction de tout ce que vous avez pu entendre sur les capacités intellectuelles des animaux, si, à travers ces remarquables portraits, les émotions transmises par les regards de ces grands singes vous frappent, ce n'est pas le fruit d'une simple projection. Ne laissez pas les préjugés culturels s'interposer : le lien que vous percevez existe, tout simplement.

Traduit de l'anglais (États-Unis) par Émilie Barian.

---

1. Professeur à l'Université Emory et directeur du Living Links Center du Yerkes National Primate Research Center, à Atlanta (États-Unis).

Victoria

Chris Herzfeld

1. *Victoria*
(Anvers, 1996)

2. *Hope*
(Orlando, 2004)
Hope est née le 7 septembre 1983, à Chicago. Elle fut transférée au Disney's Animal Kingdom vers l'âge de 14 ans. Linda Cory, soigneur responsable des gorilles, dit qu'elle est particulièrement intelligente. Elle peut même se révéler redoutablement manipulatrice. Elle est aussi une excellente mère.

Au début, il a été difficile de sortir mon appareil photographique…
1996. J'avais décidé de passer un mois auprès d'un grand singe. Ce fut bien plus qu'un grand singe. Ce fut Victoria. Une gorille âgée de 28 ans qui était née et avait toujours vécu au zoo d'Anvers, en Belgique. Je me souviens de la manière dont elle était assise, les bras croisés, le regard perdu au loin. La plupart des primates évitent de fixer leurs congénères, attitude interprétée comme discourtoise, voire menaçante. De plus, on dit les gorilles particulièrement timides. « Regarder dans les yeux » est, pour eux, un acte rare, ce qui explique peut-être, en partie, pourquoi ils échouent aux tests de reconnaissance dans le miroir. Pourtant, Victoria me regardait parfois, sans s'attarder, mais bien en face. L'idée consistait à être avec elle, à essayer de mieux comprendre son monde, à faire l'expérience quotidienne du « vivre-ensemble ». Utiliser un appareil photographique me paraissait, à ce moment-là, inadéquat… Comme une rupture de contrat. Une manière d'accentuer l'asymétrie. Sa captivité, ma liberté.
Et puis l'envie a été trop forte. Je ne sais pourquoi je me suis sentie autorisée. Mon désir seulement ? En quelque sorte une impossibilité de ne pas faire de photos. Un désir impérieux.
Tout m'étonnait. Sa manière très délicate de prendre les aliments, le satiné de ses ongles, les rythmes frappés sur la vitre de sa cage, ses attitudes dignes, sa façon de bouger, ses regards. J'ai voulu sceller ces moments. Les moments de tranquillité à deux. Ceux où elle traçait des courbes sur la baie vitrée. Ceux où, pelotonnée, elle se tenait les pieds. J'avais envie de me souvenir de son profil, de ses doigts, de sa façon d'exister. Comme d'une vieille amie que l'on a fréquentée un temps, puis que l'on est un jour obligé de délaisser.
Les premiers portraits de Victoria m'ont incitée à continuer à la photographier. Ils me permettaient de témoigner de son existence, de dévoiler une infime part de ce qu'elle était, de l'honorer. J'ai voulu faire de

2

3

même pour d'autres primates anthropoïdes côtoyés dans les parcs zoologiques, gorilles, bonobos, chimpanzés ou orangs-outans... Afin de raconter combien chacun d'eux est différent et particulier, de rapporter mon émotion face à leur personnalité toujours singulière, de dire à quel point chaque rencontre importe.

Le seul objectif que j'utilise est un « 105 mm », par excellence approprié au portrait. Je ne veux pas photographier de loin et utiliser un téléobjectif. Ma priorité va à la proximité. Je m'intéresse au singe qui s'approche, qui cherche le contact. C'est pourquoi je n'utilise jamais de flash. Je préfère la lumière naturelle, un éclairage subtil. Je surveille aussi les reflets sur les vitres des enclos, reflets qui font partie du travail (nous sommes au zoo) mais peuvent gâcher une belle image s'ils sont mal placés. Il faut prendre beaucoup de clichés, avant d'en découvrir un que l'on trouve vraiment intéressant.

Depuis longtemps, j'ai pour habitude de photographier à très grande ouverture de diaphragme. Quand nous contemplons un objet, ce qui l'entoure est flou. Cette manière de voir nous est familière. Une ouverture maximale permet un peu la même sensation, tout en n'empêchant pas une netteté ponctuelle. Je tiens à ce que la photo soit précise là où je l'ai voulu. Le léger flou généré est un flou de proximité qui ajoute à l'intimité... Parce qu'il s'agit bien d'une histoire intime, d'une histoire à deux.

Face à un grand singe, je suis à la fois chercheur[1] et photographe. Je ne passe pas de l'un à l'autre, ne me scinde pas en deux. Les observations et les expérimentations permettent de mieux connaître les anthropoïdes. La photographie est un moyen de penser et d'approcher les primates autrement. Les liens créés avec les animaux sont à leur tour vecteurs de connaissance. Les habitudes, les pratiques, les gestes rattachés à chaque activité s'entremêlent de manière fluide, engendrant une certaine manière d'être photographe... et chercheur. La question est celle du moment propice : il y a un temps favorable pour l'expérimentation, un autre où l'on privilégie l'image arrêtée...

3. *Victoria* (Anvers, 1996) Victoria vit au zoo d'Anvers depuis sa naissance, le 9 juin 1968. Aujourd'hui, elle cohabite paisiblement avec le mâle Kumba, né au Cameroun en 1973 et arrivé en 2002, et avec la femelle Amahoro, arrivée en 1994, vers l'âge de 4 ans. La fille de Victoria, Isabelle, fut la vedette du zoo, avant de mourir prématurément en 1995. Élevée par les soigneurs sous l'œil intéressé du public, elle adoptait des comportements très proches de ceux des humains et interagissait de manière étonnante avec les visiteurs. De 1985 à 2000, Victoria eut un compagnon quelque peu tyrannique, Mukisi (voir son portrait p. 98). Ce dernier s'est éteint à l'âge de 43 ans.

4. *Wattana* (Paris, 2003) Ménagerie du Jardin des Plantes.

4

Un moment où l'on commence à filmer en fonction des questions posées ou des propositions faites aux singes, et de leurs réponses, un autre où l'on pousse sur le déclencheur en fonction de ce qui se passe entre soi et un animal singulier activement relié à un dispositif particulier. Le sujet et la situation dictent le moyen d'action, stylo, caméra ou appareil photographique.

Contrairement à ce que l'on pourrait penser, les grands singes adultes ne bougent pas constamment. Ils sont souvent très calmes, paisibles, vaquent tranquillement à leurs occupations, se reposent pendant de longs moments, assis, le dos appuyé sur un tronc d'arbre (quand ils ont la chance d'en avoir dans leur enclos), ou couchés, la tête dans le bras replié. J'aime les regarder et passer ces moments sereins avec eux... Être à leurs côtés. Parfois, tout s'accélère. L'un d'entre eux s'approche. Je m'avance. Nous sentons chacun la présence de l'autre. L'apprivoisement est mutuel... Quand une attitude me plaît, je cadre doucement, vérifie ma lumière, fais ma mise au point et attends. J'essaie d'imaginer ce qui pourrait arriver. Rien n'est prévisible. Je suis prête. Je suis entièrement là, dans mon viseur, émue. C'est un moment important. Plus rien n'existe hors ce moment, si ce n'est l'individu qui me fait face. Une fraction de seconde, son regard s'appuie sur le mien. Nos yeux se mêlent. Quelque chose se passe, de l'ordre de la plénitude, qui efface jusqu'à la vitre entre nous... je déclenche.

1. En épistémologie des sciences, spécialisée en primatologie.

Les visages de l'évolution

Pascal Picq

Qui a un jour croisé le regard d'un bonobo en reste à jamais bouleversé.
C'est ce qu'il advint à l'un de mes amis et maîtres, éminent spécialiste de l'évolution du crâne. Alors qu'il participait à une réunion scientifique à l'étranger, il eut l'opportunité de rendre visite à un groupe de bonobos dans un parc zoologique. Qu'un grand connaisseur de la vie et de la diversité de ses formes puisse se sentir si troublé suggère magnifiquement qu'il nous reste à comprendre certains aspects d'une histoire évolutive, la nôtre, qui ont trop longtemps échappé à notre regard. À découvrir un autre visage de l'évolution, trop longtemps voilé.

6

Les troubles du visage

L'œuvre de l'illustre Buffon exprime l'étrange impression qu'éveille en nous la face des singes. L'auteur de la monumentale *Histoire naturelle générale et particulière* de l'homme, des animaux et de la Terre, le fondateur de l'anthropologie et l'un des pionniers de l'idée de transformation des espèces, évoque les « masques trompeurs de l'homme ». L'histoire naturelle des singes apparaît dans le quatorzième et dernier volume de l'*Histoire des quadrupèdes*, publié en 1766. Buffon s'attache à rétablir la dignité de l'homme en un siècle des Lumières fasciné par la question des origines : « Ainsi ce singe que les philosophes, avec le vulgaire, ont regardé comme un être difficile à définir [...] n'est dans la vérité qu'un pur animal, portant comme à l'extérieur un masque de la figure humaine, mais dénué à l'intérieur de la pensée et de tout ce qui fait l'homme. » Contrairement à ces philosophes, il refuse d'humaniser les animaux, à commencer par les singes. Il admet que leur anatomie se conforme en tout point à celle de l'homme. Il n'ignore pas leurs masques de ressemblances, leurs expressions faciales qui, comme chez l'homme, n'expriment que des passions, ces « aveuglements de l'âme qui contraignent l'homme à agir comme un animal ».

7

5. *Lina*
(Stuttgart, 2004)
Née le 28 juillet 1985 au zoo de San Diego (Californie), Lina est arrivée au parc zoologique Wilhelma de Stuttgart en 1993. Elle est la fille de Vernon, capturé en République démocratique du Congo en 1972, vers l'âge de 2 ans, puis transféré dans différents zoos, parmi lesquels celui de San Diego. Il vit maintenant au zoo de Cincinnati, dans l'Ohio. La mère de Lina, Loretta, est née le 22 janvier 1974, au zoo de San Diego. En 1989, elle a déménagé dans un immense parc animalier rattaché à ce zoo, le Wildlife Animal Park, situé à Escondido.

6. *Wattana*
(Paris, 2003)
Ménagerie du Jardin des Plantes.

7. *Makini*
(Tampa, 2004)
Élevé par les humains, Makini vit aujourd'hui dans l'un des plus grands zoos d'Amérique du Nord, le Busch Gardens, en compagnie de son jeune frère Simsim, arrivé avec lui en avril 1992. Les deux gorilles profitent du climat floridien dans une végétation luxuriante et entourés d'impressionnantes cascades. Leur mère, Shamba, a été capturée en milieu naturel vers 1959.

Si on ne juge que par la forme, on s'égare, comme dans cette anecdote célèbre rapportée par Diderot dans *Le Rêve de d'Alembert* à propos du très cartésien cardinal de Polignac se présentant devant un orang-outan encagé au Jardin du Roy – notre actuel Jardin des Plantes – et s'exclamant : « Parle, et je te baptise. »
Cette anecdote traduit superbement une époque marquée par une coïncidence étonnante de l'histoire de l'humanité. Alors que le « siècle des naturalistes » atteint son apogée, alors que le siècle des Lumières s'attache à définir le genre humain, voilà que quelques infortunés chimpanzés et autres orangs-outans sont amenés en Europe. Les plus grands philosophes manifestent leur fascination, voire leur gêne. Ces grands singes ne représenteraient-ils pas les franges d'une humanité qui cherche ses limites ? Certains n'hésitent pas à leur attribuer des vertus humaines – une ouverture intellectuelle fustigée plus tard par Johann von Goethe.
Entre-temps, les naturalistes inspirés par Buffon ont avancé dans leurs travaux d'anatomie comparée, dégageant des caractères de différenciation qui renvoient les grands singes dans une nébuleuse simiesque. C'est ainsi que le regard sur ces grands singes change selon les époques. Curieux regards croisés des philosophes et des naturalistes sur ces chimpanzés et ces orangs-outans, alors que s'amorce le siècle des évolutionnistes.
L'attitude intellectuelle de Goethe exprime l'ambivalence entre les sciences naturelles et les sciences humaines. Le grand poète allemand est imprégné de *Natur Philosophie* et se passionne pour l'anatomie comparée (c'est lui qui invente le terme « morphologie » en 1790 pour désigner l'étude de la taille et de la forme des organismes vivants). Un texte célèbre rapporte ses réflexions sur l'organisation du corps des vertébrés à l'endroit de la jonction de la colonne vertébrale et du crâne d'après son observation de l'arrière d'un crâne de mouton. Il s'intéresse à ce qu'on appelle la structure des organismes, bien moins à ses fonctions. Quant à la face et à ses expressions, cela ne lui

8. *Maias*
(Cologne, 2004)

semble guère digne d'intérêt, d'autant que ce sujet est porteur d'une lourde tradition aussi fantaisiste que controversée. Ce sont donc les naturalistes, ou la pensée naturaliste, qui voilent la question de l'expression de la face chez les animaux.

8

En attendant l'éthologie

Buffon, dans un style parfois irritant, ne se fait pas avare de descriptions sur les mœurs des animaux, délaissant même, au fil des tomes et des éditions de l'*Histoire naturelle*, les descriptions anatomiques dues pour l'essentiel à Daubenton. Quelques décennies plus tard, Georges Cuvier, le fondateur de la paléontologie et de l'anatomie comparée, condamne sévèrement, avec quelque raison, ces habitudes qui confondent histoire naturelle et petites histoires. La psychologie animale comme l'éthologie devront attendre d'autres regards.

Le terme « éthologie » apparaît pour la première fois en 1854, sous la plume d'Étienne Geoffroy Saint-Hilaire. Il désigne l'étude nécessaire des mœurs des animaux dans leur environnement naturel. Mais que peut-on savoir des comportements de ces grands singes dans la nature puisque tous les naturalistes exercent leurs compétences en Europe ? Leurs travaux investissent l'anatomie comparée et la reconstitution de fonctions fondamentales, comme leur régime alimentaire ou leur locomotion. Les scientifiques accomplissent d'immenses progrès, alors que l'éthologie reste lettre morte.

Le XIXe siècle s'enflamme pour les sciences naturelles et, bientôt, pour la question de l'évolution des espèces. En témoigne la querelle entre Cuvier et Geoffroy Saint-Hilaire qui marque pour longtemps le paysage des sciences naturelles, querelle qui, d'après les commentaires de Goethe, tient l'Europe en haleine. Lors du débat organisé par l'Académie des sciences de Paris en 1830 entre deux géants de l'anatomie comparée, Cuvier, plus intéressé par les fonctions des organismes que par leur structure, soutient que le règne animal se divise en quatre branches indépendantes. Geoffroy Saint-Hilaire, quant à lui,

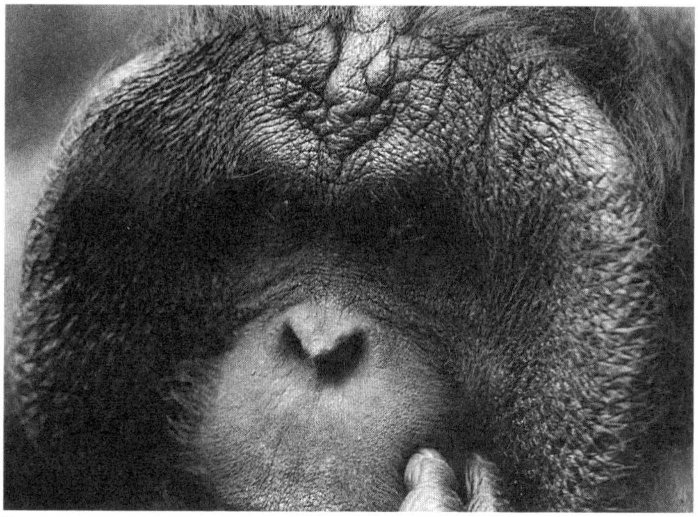

9

9. *Tuan*
(Anvers, 1996)
L'orang-outan Tuan est né au zoo de Cologne le 18 septembre 1978. Son père Maias y vit toujours. Tuan s'installe au zoo d'Anvers en mars 1994. Placide et courtois, il vit aujourd'hui paisiblement avec sa compagne Astrid (voir son portrait p. 87) . Il est le père de Wattana, un des rares primates anthropoïdes capables de faire des nœuds, actuellement à la ménagerie du Jardin des Plantes, à Paris.
Il semblerait que Maias, grand-père de Wattana, possède également cette compétence manipulatoire fine que l'on a longtemps crue propre à l'homme.

10. *Wattana*
(Paris, 2004)
Ménagerie du Jardin des Plantes.

10

11. *Hermien* (Anvers, 2002) Née en milieu naturel vers 1978 (République démocratique du Congo), Hermien est celle qui a le plus d'ascendant sur le groupe de huit bonobos (*Pan paniscus*) du parc zoologique de Planckendael (Société royale de zoologie d'Anvers), situé près de Malines, en Belgique. Alliée à sa fidèle compagne Hortense, femelle du même âge arrivée au zoo trois mois après elle, en juin 1980, elle est également très proche de sa fille Zomi, née en janvier 1998.

12. *Nbia* (Stuttgart, 2004) Né le 11 janvier 2004, Nbia est le demi-frère de Ndowe (voir son portrait p. 72 et 105), ils ont le même père, Xebo. La mère de Nbia, Makinda, est la femelle gorille la plus âgée du zoo de Barcelone : elle y est née le 15 janvier 1978, puis a été élevée par les humains. Nbia, rejeté par sa mère, a été admis à la nurserie du zoo Wilhelma de Stuttgart (Allemagne) en mars 2004.

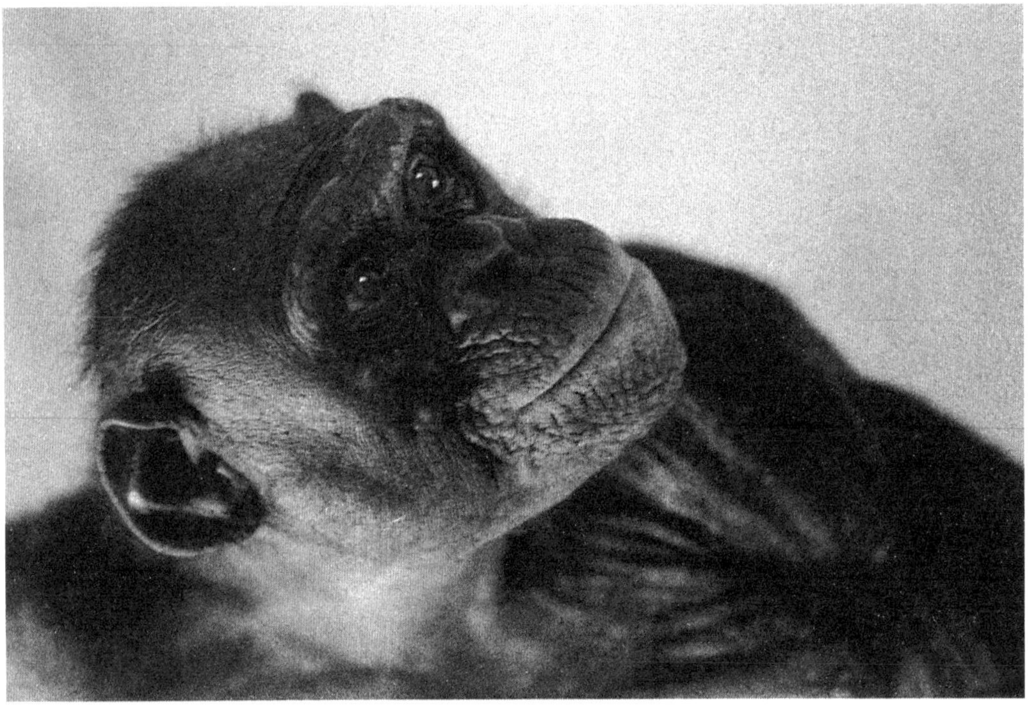

11

soutient que tous les plans d'organisation des animaux se rapportent à un même plan fondamental. Il est tellement fasciné par la ressemblance entre le crâne d'un jeune orang-outan et celui d'un homme qu'il publie un article à l'Académie des sciences en 1836. Convaincu par sa « morphologie transcendentale », aussi vitaliste que le *Natur Philosophe*, plaçant l'homme au sommet de l'échelle des espèces, il considère le jeune orang-outan comme un cas tératologique de la nature ! À la grande surprise des protagonistes, leurs débats se répercutent hors de la noble enceinte, la presse nationale et européenne s'en fait l'écho et les commente avec passion. Cette controverse annonce celle de l'évolution avec Cuvier qui s'oppose à l'idée de transformation des espèces tout en fustigeant ces philosophies de la nature, dont la *Natur Philosophie* allemande chère à Goethe.
Il veut débarrasser l'anatomie comparée de tant de présupposés philosophiques. Tout ce qui touche à cette discipline connaît un essor considérable, et les nouvelles politiques d'acquisition de collections font la richesse de tous les muséums d'histoire naturelle d'Europe. L'expansion des empires favorise les missions, les voyages, les explorations flanquées de naturalistes fortement stimulés par la description de nouvelles espèces. Mais cette émulation ne se préoccupe pas des mœurs des animaux : on tire, on collecte, on dissèque, on empaille,

12

on compare, on classe, on expose... Quant aux mœurs...
L'histoire des gorilles illustre cette immense carence des sciences naturelles. Par leur taille et leur allure, les gorilles suscitent autant de fascination que d'effroi. Les descriptions de leur capture par Du Chaillu livrent l'image d'un géant violent qui a massacré la plupart des hommes de son expédition. Les arts se saisissent de cette image, que ce soit la littérature avec le *Double Assassinat dans la rue Morgue* d'Edgar Poe, la sculpture avec *La Négresse étranglée par un gorille* de Frémiet et bientôt le cinéma naissant avec *King Kong*.
La controverse autour de l'évolution se focalise sur les relations entre l'homme et ces grands singes. La « guerre du gorille » entre Thomas Huxley, ami et défenseur de Darwin, et Richard Owen, le Cuvier anglais qui s'oppose tout comme ce dernier à l'idée d'évolution, achève de donner une image péjorative, voire monstrueuse des grands singes.

Darwin et l'expression des émotions

Plus que l'anatomie, c'est bien l'expression faciale des singes et des grands singes qui trouble, cette « fascination du double », pour reprendre le titre d'un beau livre. En publiant *La Place de l'homme dans la nature* en 1863, Thomas Huxley démontre la forte ressemblance entre les grands singes, dont le gorille, et les hommes; une parenté bien plus importante qu'entre ces derniers et les autres singes, comme les babouins ou les macaques par exemple. Mais, là encore, il ne s'intéresse guère à leurs mœurs.
Charles Darwin tire les conclusions des travaux de son ami Huxley, ce qui l'amène à formuler l'hypothèse selon laquelle les chimpanzés ressembleraient davantage aux hommes qu'aux autres grands singes, et, partant, considère que nos origines sont africaines. C'est ce qu'il écrit dans *La Filiation de l'homme en relation avec la sélection sexuelle* publiée en 1871. Darwin, qui a à peine posé les pieds en Afrique lors du grand voyage qu'il a effectué entre 1831 et 1836, expose dans ce même livre une synthèse des quelques observations publiées sur les

13

13. *Huerfanita*
(New York, 2003)
Huerfanita est née le 23 mars 1973 au zoo d'Albuquerque (Nouveau-Mexique). Élevée par les humains, la gorille est arrivée au Bronx Zoo le 1er décembre 1978, à l'âge de 5 ans.

mœurs des chimpanzés. Il y raconte notamment que certaines populations d'Afrique occidentale utilisent des outils en pierre pour briser les noix. Un siècle s'écoulera entre la recommandation de Geoffroy Saint-Hilaire et la preuve de nos origines africaines. Alors pourra débuter l'éthologie des grands singes.

Darwin assume toutes les conséquences de sa théorie en admettant que tout ce qui fait l'homme, comme les autres espèces actuelles, a des origines naturelles. Il en est donc ainsi de notre psychologie, ce qu'il développe dans *L'Expression des émotions chez l'homme et les animaux*, éditée en 1872, livre qui, initialement, devait constituer la seconde partie de celui de 1871.

Seulement, une telle approche se heurte à une longue tradition qui mêle des croyances comme des représentations littéraires, mythiques, populaires, philosophiques, artistiques, folkloriques... Cette grande tradition sert des courants pseudo-scientifiques encore fort présents de nos jours, comme la morphopsychologie ou la physiognomonie de Lavater (1741-1801) – l'art de deviner le caractère en déchiffrant les traits du visage.

Dans l'introduction de son livre, Darwin s'attache à récuser les fondements de ces théories, tâche nécessaire avant d'aborder l'expression des émotions chez l'homme et les animaux. Hélas, en dépit de plus de deux siècles de vives critiques de ces thèses par Lichtenberg, Goethe – qui prit justement des distances avec son ami Lavater – et Darwin, et malgré les réfutations apportées par l'anthropologie comme par les sciences humaines modernes, toute approche scientifique de l'expression des émotions chez l'homme et les animaux souffre de leur persistance. C'est bien pour cette raison que ce qui devrait être un sujet scientifique de première importance dans le cadre des sciences de l'évolution a rarement été abordé.

Darwin fait une synthèse critique de toutes les observations disponibles sur les comportements des animaux. Il intègre dans la perspective de l'évolution des observations le plus souvent fort connues, familières,

14

des personnes habituées à vivre ou à travailler en compagnie des animaux. Les expressions de la colère, de la joie, de la relaxation, de la menace ou de la vigilance passent par ces attitudes du corps comme par ces expressions faciales : exposition des dents, ouverture de la bouche, orientation des oreilles, fixité des yeux, mimiques. Il s'agit là de mammifères; on recherchera en vain de telles expressions chez les reptiles ou les oiseaux. Parmi les mammifères, certaines lignées se montrent avares d'expressions, comme les bovidés, ce que certaines cultures ou croyances attribuent à de la sagesse. L'orientation des oreilles se révèle, quant à elle, très explicite chez les chevaux ou les carnivores, alors qu'elles restent obstinément fixes chez les hommes et les singes. Quant aux mimiques, peu d'espèces en usent autant que les hommes et les singes – Darwin passera à côté de leur importance prépondérante chez ces derniers. En témoigne son portrait hypothétique de l'ancêtre simiesque de l'homme dans *La Filiation de l'homme et la sélection liée au sexe* : « Les premiers ancêtres de l'homme ont dû être autrefois couverts de poils ; les deux sexes ayant des barbes; leurs oreilles étaient probablement pointues, capables de mouvements, et leur corps était pourvu de queue, avec ses muscles propres... Et nos ancêtres étaient sans nul doute arboricoles, et fréquentaient quelques terres chaudes, couvertes de forêts. Les mâles avaient de grandes canines, qui leur servaient d'armes formidables. » Ne sont rappelés ici que les passages censés évoquer les singes. Darwin cite d'autres caractères qui concernent les mammifères en général, offrant un portrait un peu confus d'un point de vue phylogénétique, et qui ne prend pas en compte les caractères partagés exclusivement par les singes, les grands singes et les hommes.

Darwin se fait plus précis dans *L'Expression des émotions chez l'homme et les animaux*, publié l'année suivante, qui se termine par un répertoire des expressions faciales des singes et des grands singes. Il n'hésite pas à évoquer des expressions qui traduisent le plaisir, la joie, la douleur, l'affection, le rire, la colère. Il décrit ces expressions en

15

14. *Wattana* (Paris, 2003)
Venue du zoo de Stuttgart, Wattana a fait son entrée à la ménagerie du Jardin des Plantes (Musée national d'histoire naturelle) le 5 mai 1998, à l'âge de 2 ans et demi. Elle n'y arrive pas seule : son demi-frère Vandu l'accompagne. Ils ont le même père, Tuan, qui vit toujours au zoo d'Anvers, en compagnie d'Astrid, la mère de Vandu. En revanche, la maman de Wattana, Ralfina, est aujourd'hui au zoo d'Apenheul, aux Pays-Bas. À son arrivée à Paris, Wattana a bénéficié de beaucoup d'attention de la part de Vandu, de un an son aîné, attention qui ne cessera ensuite de se manifester sous différentes formes. Frère et sœur s'endorment souvent dans les bras l'un de l'autre... Malheureusement, Vandu a dû quitter la ménagerie. Il vit à Sosto (Hongrie) depuis le 26 août 2000.

fonction de leurs contextes, d'après les observations rapportées par des personnes qui travaillent ou qui sont en contact avec des singes et des grands singes. C'est là tout le génie de Darwin, recueillir des témoignages auprès de personnes habituées à interagir avec eux ou à les regarder dans des zoos, des cirques, des ménageries, etc. Il n'a cependant pas perçu combien leurs faces ressemblaient davantage à celles des hommes qu'à celles des autres animaux.
Riche de ces connaissances, il aurait certainement proposé un portrait plus précis de l'ancêtre simiesque de l'homme dans son ouvrage précédent.
En dépit de son immense œuvre de précurseur, Darwin, comme les esprits les plus éclairés de cette époque, dispose alors de très peu de connaissances sur notre famille naturelle. Il démontre combien les expressions de nos émotions sont communes avec celles des grands singes. Il ignore cependant une question fondamentale, qui a émergé récemment en éthologie et dans les sciences de l'évolution, celle de la reconnaissance du visage – bien qu'il évoque une expérience avec des miroirs et des grands singes –, et de la notion de personne.

De la tête à la face

Pour reconstituer une histoire évolutive du crâne et de la face, il est nécessaire d'établir les relations de parenté entre les espèces et de détenir des données sur les caractères qui nous intéressent. Avant cela, on peut reprendre les grandes lignes de l'évolution des animaux, dont beaucoup étaient déjà connues du temps de Darwin.
La tête est une grande innovation des organismes vivants. On la rencontre dans plusieurs grandes lignées ou *phylum* : chez les céphalopodes – littéralement ceux qui ont « la tête dans les pieds » –, comme les poulpes et les calmars ; chez les gastéropodes, qui, quant à eux, ont « l'estomac dans les pieds », comme les limaces ; on la trouve également chez les vers, qui n'ont pas de pieds du tout ou une multitude de pattes, ou encore chez les insectes.

La tête correspond à une polarisation antérieure d'organismes possédant un plan de construction à symétrie bilatérale par rapport au plan médian ou sagittal du corps. Elle comprend une bouche, des yeux, des orifices nasaux et une concentration de neurones appelée encéphale ou cerveau. Ce plan d'organisation apparaît vers 560 millions d'années lors de l'« explosion précambrienne ». Dans les plus anciens sites fossilifères de cette période, les paléontologues décrivent une diversité de plans plus importante que celle du monde vivant actuel. On y trouve les ancêtres des *chordés*, des organismes dont le corps est supporté par une baguette cartilagineuse appelée chorde. Le tube nerveux dorsal court sur le dessus de la chorde alors que le tube digestif s'étend en dessous, définissant un plan d'organisation dorso-ventral. Dans ce très grand groupe, on rencontre les *craniates*, des chordés dont le crâne est construit primitivement autour d'arcs cartilagineux. Ces arcs portent des noms qui nous sont familiers, comme les arcs mandibulaires ou les arcs hyoïdiens. Le crâne abrite des organes sensoriels olfactifs, visuels et otiques. Parmi les *craniates* se distingue le phylum des vertébrés chez lesquels la chorde est renforcée par des vertèbres. Sur les quelque 52 250 espèces de chordés recensées à l'heure actuelle, plus de 51 900 appartiennent à la famille des vertébrés. C'est cet axe vertébral qui autorise le développement d'organismes parfois de grande taille, mobiles et guidés dans leurs déplacements par la tête et ses organes des sens. Les mâchoires marquent elles aussi une autre évolution considérable. Chez les chordés comme dans d'autres groupes, on observe une bouche munie de dents, marque des espèces prédatrices. Chez certains vertébrés comme les myxines, la bouche s'ouvre sur une cavité circulaire entièrement tapissée de dents. Ces animaux dévorent lentement leurs proies, sur lesquelles ils se fixent en faisant ventouse avec leur bouche ou en pénétrant dans les organismes par les fentes branchiales. Avec l'apparition des mâchoires, les *gnathostomes* deviennent de redoutables vertébrés capables d'attraper et de happer des proies, voire d'en détacher des lambeaux. Les requins, les raies, tous

les poissons et leurs descendants se reconnaissent là.
Ce plan ne change guère entre 430 et 350 millions d'années où de nombreuses lignées de gnathostomes peuplent les mers et les océans. Outre quelques céphalopodes comme les mythiques calmars géants, les plus grands et les plus mobiles des animaux sont ces vertébrés à mâchoires, guidés dans leurs actions par une tête qui entraîne le reste du corps.
Enfin, il faut attendre le début de l'ère secondaire pour qu'apparaisse le cou et que la tête acquière une mobilité par rapport au reste du corps, et cela seulement dans quelques lignées de vertébrés issues des premiers poissons puis de leurs descendants amphibiens de l'ère primaire. Les batraciens comme les salamandres et les grenouilles, les squamates comme les serpents, les varans et autres caméléons n'ont pas de cou, pas plus que les crocodiles et autres gavials. Ce cou n'est cependant pas l'apanage des seuls mammifères puisque les tortues (chéloniens) et les oiseaux en possèdent parfois de fort longs, tout comme les grands reptiles de l'ère secondaire – dinosaures et autres ptérosaures. Chez tous les mammifères, qu'il s'agisse de l'homme, de la girafe, de la souris ou encore du cachalot, le cou est toujours constitué de sept vertèbres cervicales. Cette marque de fabrique, sous le contrôle de gènes architectes, dits homéothiques, est profondément inscrite dans notre processus de développement.
Comme dans bien d'autres lignées, les mâchoires des mammifères leur servent à attraper la nourriture. À cela s'ajoute une innovation physiologique et fonctionnelle, la mastication, qui ouvre un large menu de régimes alimentaires selon les lignées. Les mammifères ne possèdent que deux dentitions au cours de leur longue vie – une de lait et une adulte – constituées d'un nombre restreint de dents. C'est ainsi que la réalisation d'une fonction complexe, la mastication, s'accompagne d'une simplification de la structure. Les trois grands champs dentaires avec les dents de devant coupantes – les incisives –, les dents tranchantes – les canines – et les dents broyeuses – les prémolaires

15. *Louisoko*
(Stuttgart, 2004)
Louisoko est né le 19 avril 1998 au zoo Wilhelma de Stuttgart. Ce bonobo est le fils de Lina (dont le portrait figure p. 34) et de Masikini. Il n'a jamais connu son père, décédé à la fin de l'année 1997.

et les molaires – se mettent en place. Toutes les grandes lignées de mammifères se distinguent justement par ce qu'on appelle leurs formules dentaires, qui traduisent le développement relatif de ces champs.
La mastication est l'une des fonctions les plus vitales et les plus complexes de nos organismes. La trituration des aliments en bouche favorise leur digestion et, bien plus que l'apport des nutriments nécessaires, permet d'en puiser efficacement les calories et les éléments nutritifs. Grâce à cela, les mammifères entretiennent des organismes à sang chaud avec un métabolisme élevé (il en va de même des oiseaux pour lesquels la trituration des aliments se fait dans le gésier). Ils s'offrent aussi le luxe écologique d'un cerveau développé, organe le plus gourmand de notre corps. Son développement exige du temps, le temps de la gestation comme celui de l'enfance. Le lien avec la mère puis avec les autres membres du groupe engage les jeunes dans la vie sociale.
Ainsi, cerveau développé, mastication, métabolisme élevé, longues périodes de vie et socialisation sont liés, même si ces caractéristiques se manifestent selon des modalités très diverses chez les souris, les éléphants, les loups, les paresseux, les baleines, etc.
La vie sociale exige des messages, des codes, des échanges. L'odorat, sens le plus primitif, en reste l'un des médiateurs essentiels. Les glandes sudoripares, anales, entre autres, servent à déposer des messages, tout comme les urines et les fèces, pour indiquer un état sexuel ou marquer un territoire. Les odeurs, les phéromones, les effluves composent un univers volatil empli de sens. Le museau, terminé par une truffe, capte les messages propres à chaque espèce.
Les attitudes du corps interviennent aussi lorsque les protagonistes se voient. Puis, lorsqu'ils se rapprochent, ce sont les expressions de la tête qui interviennent. Point n'est besoin d'être éthologue ou d'avoir vécu à la ferme pour reconnaître ces expressions. Une allure ou une attitude paisible, des oreilles détendues, une pupille relaxée, une tête sensiblement tournée vers le côté et légèrement inclinée, une mandi-

16

bule relâchée et un souffle soutenu et rythmé indiquent un état de bien-être après une interaction plaisante. En revanche, le regard fixe, les pupilles dilatées, les oreilles orientées vers l'arrière, la bouche serrée avec parfois l'exposition d'une partie des dents, des halètements, sifflements ou autres grognements traduisent la colère et la menace. Le corps tendu, une position bien campée sur les quatre membres ou l'approche d'un plus puissant, la tête soutenue par un cou rehaussé, les yeux fixés vers l'avant ainsi que la bouche fermée et les naseaux dilatés expriment l'attention ou l'affirmation d'un statut hiérarchique. Ce sont des signes universels, dont l'intensité d'expression varie d'une lignée de mammifères à l'autre, mais qui peuvent entraîner bien des dérives anthropomorphiques ; et de ne citer que la vache à la face impassible, le loup à l'air féroce ou le dauphin rieur. Si tous ces signes nous sont presque instinctivement familiers, c'est que nous sommes aussi et encore des mammifères. Ces derniers se distinguent des autres vertébrés par la richesse de leurs interactions sociales, médiatisées par une tête riche de la diversité de ses expressions.

16. *Lina*
(Stuttgart, 2004)
Lina vit aux jardins zoologique et botanique Wilhelma de Stuttgart. Elle appartient à une espèce extrêmement rare dans les zoos, celle des bonobos ou chimpanzés pygmées (*Pan paniscus*). Cette espèce de grand singe, découverte au début du siècle dernier, a été magnifiquement racontée par Frans De Waal.

17. *Tubo*
(Paris, 2003)
Ménagerie du Jardin des Plantes.

Une tête et un visage

Bien que l'évolution n'ait pas de but, les évolutionnistes sont toujours tentés par l'identification de grandes tendances. Chez les singes, on se laisse séduire par l'impression que leur tête exprime une sorte d'aboutissement d'une évolution qui ne cesse de lui donner de l'importance. C'est comme cela que l'homme, grand singe parmi les singes, a fini par se mettre lui-même en tête de l'évolution.

Les singes ou simiens représentent la majorité des primates, mammifères adaptés à la vie dans les arbres. Vivre dans un tel milieu, à trois dimensions, impose d'autres rapports à l'espace et aux autres. Chez les singes, tout passe par la tête, une tête vraiment particulière si on la compare à celle des autres mammifères et même d'autres primates comme les lémuriens de Madagascar. Il y a d'abord la convergence des deux yeux de part et d'autre de la racine du nez. Ce rapprochement favorise la vision des reliefs. À cette vision dite stéréoscopique s'ajoute une perception basée sur les trois couleurs fondamentales, dite en trichromie. Les yeux scrutent l'espace rapproché avec précision, tandis que l'audition continue de jouer un rôle considérable, surtout dans les communications vocales en milieux forestiers où les champs visuels sont restreints, bien que les oreilles soient quasiment statiques.

17

Quant à l'odorat, il s'atrophie. C'est une autre conséquence de la convergence des globes oculaires qui réduit l'espace jusque-là dédié aux fosses nasales. Perte du museau donc, et aussi perte du *rhinarium*, c'est-à-dire de la truffe. Les singes sont les seuls mammifères dépourvus de cette extrémité froide, humide, sans poils, dont la muqueuse est soudée à celle de la lèvre supérieure. Ainsi, les singes ont un nez, un vrai nez ouvert sur des narines bien séparées et sans fentes latérales. Les classifications modernes des primates et des singes se basent sur les caractéristiques du nez, un nez recouvert de la même peau que celle du reste de leur face. Car les singes ont une face.

La face, cette exposition frontale du devant de la tête, résulte elle aussi d'une transformation fondamentale du crâne des singes. Chez ces

18. *Tubo*
(Paris, 2003)
Ménagerie du Jardin des Plantes.

19. *Kumi*
(New York, 2003)
Le gorille Kumi a vu le jour le 30 juin 1998 au zoo du Bronx (The Wildlife Conservation Society). Ses parents sont nés en milieu naturel, sa mère Tunuka, vers 1963, son père Tiny Tim (dit « Timmy »), vers 1959. Arrivés respectivement en 1965 et en 1991 au zoo du Bronx, les deux gorilles l'ont quitté pour celui de Louisville (Kentucky) en mai 2004.

19

derniers, celui-ci est court et haut, et leur squelette facial se trouve en dessous de la boîte crânienne, alors que, chez d'autres mammifères, dont les lémuriens, il est situé dans le même plan et devant. Autrement dit, le crâne des singes se distingue par une boîte crânienne plus volumineuse destinée à accueillir un cerveau plus développé, dominant une face plus profonde et dépourvue de museau. C'est ce qui explique l'apparition d'un front, plus ou moins redressé, au-dessus des yeux. Ces « masques simiesques » ne recouvrent pas seulement la structure du crâne puisque l'expressivité de la face passe également par une absence de pilosité plus ou moins étendue en son centre. Ces visages de l'évolution sont apparus au cœur des forêts il y a des dizaines de millions d'années et ont déployé depuis des galeries de portraits aux airs étrangement familiers.

La vie en face

Les singes dessinent d'autres rapports à l'environnement et aux autres. Ils abandonnent le monde de la nuit pour vivre le jour. Ils perdent le *tapetum lucidum*, ce tapis réfléchissant du fond des yeux qui nous fascine et nous intrigue lorsque l'on croise le regard d'autres mammifères au cours d'une balade nocturne. Ils dominent sans partage dans les canopées des forêts, expulsant tous les autres concurrents avant d'investir, depuis cette haute position, les savanes et d'autres espaces. Seigneurs des cimes arborées, ils inventent aussi d'autres espaces sociaux. La vie diurne facilite la vie en groupe. Se livrer aux joies et aux intrigues de la vie sociale est d'autant plus aisé dans les arbres que les prédateurs sont moins à leur aise. Cela devient d'autant plus stimulant que, chez les singes qui vivent longtemps, les mâles et les femelles adultes demeurent ensemble. D'une certaine manière, les mâles sont autorisés à rester, ce dont ils ne se privent pas puisqu'il n'y a pas de saison particulière dédiée à la reproduction pour ces espèces qui vivent essentiellement dans la bande des tropiques.
Voici pour le cadre et les acteurs ; voyons à présent les mises

20

20. *Wattana*
(Paris, 2003)
Ménagerie du Jardin des Plantes.

en scène sociales et les attitudes.

Les singes dessinent une évolution originale qui concentre les rapports au monde et aux autres autour de la tête et de la face. D'aucuns y voient une tendance évolutive toute dictée par notre anthropocentrisme. Les singes, presque tous quadrupèdes à l'exception des grands singes, ont pour habitude de se tenir assis lorsqu'ils se posent. Les voici les mains libres pour quérir et manipuler des nourritures, pour l'épouillage qui tisse les liens sociaux. Le buste ainsi redressé, la poitrine et le ventre exposés aux autres – c'est la partie la plus fragile et la moins exposée du corps des animaux quadrupèdes, qu'ils nous montrent parfois en marque de soumission et de confiance – s'instaurent les face-à-face de la vie sociale. Alors que, chez les mammifères, les odeurs, les phéromones, les effluves composent un univers de perception et d'identification primordial de l'autre, chez les singes la reconnaissance des visages et des mimiques relègue l'odorat dans les limbes d'une presque inconscience.

Si la face des singes s'ouvre sur des visages riches de mimiques, c'est aussi parce qu'ils ont perdu les vibrisses, ces longs poils tactiles saillant de part et d'autre du museau des mammifères. Tous les muscles dédiés aux mouvements des vibrisses comme de la truffe se mobilisent dès lors pour sculpter les expressions faciales, une affaire d'une telle importance que tout un nerf crânien – le nerf facial ou nerf VII – n'est plus consacré qu'à cela.

La pilosité de la tête compose une diversité éblouissante de masques, magnifique carnaval des faces. Barbiches, moustaches, couronnes, favoris, houppettes et autres toupets aux couleurs variées dessinent une diversité naturelle qui n'a d'égale que celle de tous les masques inventés par la multitude des cultures humaines. Les poils autour de la tête forment un cadre qui recentre le regard dans la face. Là, les poils sont beaucoup plus courts, souvent de couleurs distinctes et contrastées; parfois les poils sont absents, laissant la peau nue, lisse ou plissée, quelquefois ornée de bourrelets colorés. C'est bien cela qui nous attire et nous trouble chez les singes. Alors que, chez les autres mammifères, les

21

21. *Makini*
(Tampa, 2004)

yeux sont écartés, la truffe projetée en avant et les oreilles aussi dégagées qu'expressives, chez les singes, les longs poils du tour de tête dissimulent les oreilles, le nez se fait discret, tout se concentre autour des yeux et de la bouche.
Ainsi, la face devient la médiatrice privilégiée des relations aux autres, dont les variations plastiques se projettent en images cérébrales sur les aires étendues du cortex, vaste écran neuronal de la vie en face, interfaces, et non écran, entre le monde intérieur et le monde extérieur, entre le soi et l'autre, entre la philosophie et les sciences naturelles.

Portraits de notre famille

Les hommes se reconnaissent dans ces portraits de singes. Nous partageons bien le même air de famille. C'est encore plus troublant chez les grands singes. Notre longue histoire évolutive commune a profondément marqué notre sensibilité et nourri quelques fantasmes.
Si les ressemblances entre les hommes et les grands singes adultes sautent aux yeux, celles-ci deviennent aveuglantes entre les jeunes individus des différentes espèces. De grands yeux, une face courte dominée par une boîte crânienne volumineuse et un front redressé s'observent chez tous les jeunes grands singes, dont le petit d'homme. C'est seulement au cours de la croissance que la face s'agrandit, se projette vers l'avant, et que le front s'abaisse chez les gorilles et les chimpanzés – moins chez les bonobos et encore moins chez les orangs-outans. Seul l'homme conserve des apparences juvéniles à l'âge adulte. Et certains d'affirmer que l'homme est un grand singe qui aurait grandi en conservant des caractères d'enfant – un grand singe pédomorphique, selon une terminologie aussi savante que *phénoménologique*. L'homme serait donc le grand enfant d'une évolution quelque peu retardée. Une thèse récurrente et séduisante à laquelle trop de savants adhèrent avec la béatitude naïve de l'im-

maturité scientifique. L'anthropologie attendant encore son âge d'homme, cela passe par un autre face-à-face avec nos frères les grands singes. Difficile de comprendre cette vision superficielle de l'évolution qui persiste à voir dans les grands singes d'aujourd'hui les détenteurs de notre condition préhumaine ; nous partageons avec eux une parenté récente, un dernier ancêtre commun, et, depuis, eux sont devenus chimpanzés, bonobos ou gorilles, et nous hommes. Il est vrai que, dans ses proportions grossières, le crâne de l'homme ressemble à celui d'un jeune grand singe. Quant à affirmer que nous sommes de grands petits grands singes attardés, c'est occulter tout ce que nous savons de notre histoire évolutive. Cela suppose que nos frères les grands singes ont cessé d'évoluer, par une sorte de bouderie incompréhensible de l'évolution. Cela suppose aussi que l'homme est déjà inscrit dans le déroulement de la vie et qu'il a suffi d'en arrêter le processus à son stade ultime ; que seul l'homme a atteint l'apothéose dans une vision holistique et téléonomique de l'histoire de la vie. C'est bien pour cela que Charles Darwin rechigne à utiliser le terme d'évolution, associé à la conception préformiste de la vie, avant la sixième édition de *De l'origine des espèces*. Le mot latin *evolvere* signifie « dérouler », et c'est bien de cela qu'il s'agit dans ces conceptions d'essence radicalement antagoniste à l'idée de sélection naturelle et de sélection sexuelle.

Il suffit de porter un regard attentif sur la galerie de portraits de nos ancêtres fossiles pour découvrir une évolution en mosaïque, les uns présentant des faces courtes ou prognathes, les autres des voûtes crâniennes arrondies ou fuyantes, et dont la diversité de combinaisons est déconcertante. Mais déconcertante pour qui ? Arriverons-nous à nous dégager de l'anthropocentrisme archaïque qui nous empêche de voir plus loin que le bout de notre nez, pourtant si court ?

Au cours de leur ontogenèse, les grands singes prennent vite de « sacrées gueules ». Ils développent les traits de leur espèce tout en apprenant à en maîtriser les expressions. Car les grands singes, tout comme les hommes, savent jouer de leurs airs et faux airs. La face devient visage avec

22. *Alina* (Tampa, 2003) Rejetée par sa mère (on parle de rejet maternel lorsque cette dernière ne s'occupe pas de son nouveau-né), la petite Alina, maintenant âgée de 2 ans, a été élevée par les humains. Les soigneurs du Bush Gardens ont cependant pris soin de la présenter fréquemment à sa maman, afin qu'elles restent en contact visuel. Vers l'âge de 1 an, Alina est retournée vivre dans le groupe des orangs-outans. Cette réintroduction s'est bien passée. Mère et fille sont aujourd'hui très proches.

ses expressions forcées, simulées, sensibles, rieuses, colériques, inquiètes, attentives...

Le reflet de soi jaillit du test du miroir. Les singes savent utiliser le reflet d'une partie de leur corps, comme le bras, dans un miroir pour attraper un objet, mais ne s'intéressent pas à leur visage, comme s'ils ne se reconnaissaient pas. Mais est-ce bien de cela qu'il s'agit ? En réalité, pour la majorité des singes, se regarder fixement procède d'une agression; alors, sont-ils démunis de la capacité à soutenir leur regard assez longtemps pour se reconnaître ?

Parmi les grands singes, seuls les gorilles semblent échapper à ce reflet de soi, si ce n'est une femelle nommée Koko, éduquée parmi les hommes et qui a appris un langage gestuel. Exception troublante, puisque cette reconnaissance de soi émerge d'un contexte social, quelque part entre le singe et l'homme. Le regard des chimpanzés fascine, dérange, surtout quand la partie qui entoure la pupille est blanche. La sclérotique, ce que nous appelons le blanc de l'œil, est sombre chez tous les animaux, sauf chez l'homme. Elle est brun foncé chez les grands singes, sauf rare exception comme Mr Worzle décrit par Jane Goodall. Le regard se concentre encore plus sur le fond de l'œil de l'individu et quant au regard lui-même, il devient plus précis, plus directionnel, plus varié, focalisant le spectre de toutes les expressions, de toutes les intentions franches ou dissimulées.

Jane Goodall livre une des rares réflexions sur le regard des chimpanzés : « Chez les plupart des primates, dont les gorilles, un regard soutenu entre adultes est ressenti comme une menace. Cependant chez les chimpanzés, comme chez les hommes, des regards prolongés accompagnent des interactions amicales. Dans la communauté des chimpanzés d'Arnhem, les mâles adultes, après un conflit, s'assoient éloignés les uns des autres puis tentent de rétablir un contact oculaire avec leurs adversaires du moment. Cela peut durer plus d'un quart d'heure. Une fois l'échange de regard établi et maintenu, la réconciliation ne tarde pas à suivre. Quand je rencontrais pour la première fois la chimpanzé Lucy élevée parmi les

hommes, la première chose qu'elle fit a été de s'asseoir près de moi et, pendant environ trente secondes, nous avons échangé intensivement nos regards. (Inutile ici d'évoquer ce qui envahit mon esprit à ce moment-là, ni de spéculer sur ce qui se passait dans le sien.) »

Comme les autres singes, les gorilles évitent de se fixer du regard, évitement de l'autre et donc de soi. La conscience de soi ne se réduit pas à un face-à-face avec soi-même. Elle se construit entre un possible cognitif propre aux grands singes et les regards échangés, renvoyés, détournés, partagés ou évités avec les autres. Se regarder en face ressort moins au reflet de son image dans le miroir qu'aux multiples reflets retournés du fond des pupilles des autres. Bien avant la rencontre avec le miroir, c'est dans celle avec les autres que se construit le spectre des expressions faciales qui nous renvoient à notre propre conscience.

Le visage des grands singes décline des expressions faciales partagées avec d'autres lignées de mammifères, les singes et même l'homme, dont les variantes étrillent nos travers aussi bien anthropocentriques qu'anthropomorphiques. Il est grand temps de nous dégager de notre aveuglement anthropocentrique pour développer une « archéologie de visage » et de la « conscience », d'appeler d'autres regards libérés de la cécité provoquée par la discontinuité essentialiste homme-animal ou libérés du strabisme de la continuité finaliste.

L'histoire à peine esquissée de la tête et du visage révèle une longue filiation. La façon dont les hommes interagissent avec tel ou tel animal en est la manifestation intuitive, parfois irrationnelle. Que l'on soit amoureux des animaux ou non, on n'entretient pas les mêmes relations avec un poisson rouge, un boa, une perruche, un chat, un chien, un cheval ou un singe. Il existe des universaux fondés sur notre histoire évolutive commune, des universaux bien antérieurs à l'apparition des hommes. Ils se manifestent à différents embranchements de l'arbre de l'évolution. Il n'y a donc pas discontinuité absolue ni continuité linéaire ; la face de l'homme ne sort pas du miroir inconscient de l'évolution – égarement narcissique –, pas plus qu'elle ne reflète la complétude de

23. *Amber*
(Louisville, 2004)
Amber (officiellement dénommée « Puki/Ambe ») est née le 15 octobre 1987 au zoo de Saint-Paul (Minnesota) où elle a été élevée par les humains. Amber est apparentée à Teak, qui est à la fois son cousin germain (leurs mères sont sœurs) et son demi-frère (ils ont le même père). Les deux orangs-outans ont été adoptés par le directeur du Columbus Zoological Gardens (Powell, Ohio) et ont grandi dans un milieu familial humain. Ils ne se sont presque jamais quittés et vivent aujourd'hui au zoo de Louisville, dans le Kentucky. Amber est vraiment étonnante: elle sait se moucher, est capable de se nettoyer le visage, elle aime aussi prendre des bains. Elle est également passionnée par les êtres vivants qui l'entourent: oiseaux, insectes, petits rongeurs. Son entraîneur, Jane Franklin, dit en riant qu'elle a dû être une scientifique dans une autre vie.
Un jour, Jane a observé Amber tandis qu'elle manipulait le cadavre d'un oisillon. La jeune primate a essayé de le faire marcher, de le faire voler (le petit était donc supposé voler), de lui ouvrir le bec, l'a examiné attentivement, tout en procédant avec une grande douceur…

24. *Teak*
(Louisville, 2004)

23

24

l'évolution – béatitude angélique. L'évolution de notre face s'inscrit dans une multitude de continuités, une mosaïque de traits plus ou moins partagés avec les autres espèces: des airs de famille, de fausses ressemblances et des expressions effacées à jamais.

26

25. *Wattana*
(Paris, 2003)
Wattana a été rejetée par sa mère, Ralfina, quelques heures après sa naissance, le 17 novembre 1995. Les soigneurs du zoo d'Anvers (Société royale zoologique d'Anvers) ont donc pris soin d'elle. Elle fut ensuite transférée au zoo de Stuttgart où il existe un département spécialisé dans les soins aux jeunes primates. Des petits, venus de différents zoos européens, y sont accueillis. Wattana devint très vite la « petite princesse » de l'un des soigneurs, Margot Federer, qui lui reconnut des qualités bien particulières et continua à lui être dévouée tout le temps de son passage à Stuttgart.

26. *Dayu*
(Paris, 2003)
Dayu vit à la ménagerie du Jardin des Plantes, à Paris, avec sa mère Nénette, son frère Tubo et Wattana, la compagne de ce dernier.

Faux airs de famille

Regarder de si près les visages des grands singes aveugle parfois. Après divers ancêtres communs, les grands singes et les hommes ont connu des évolutions divergentes, et leurs expressions faciales communes n'ont pas forcément les mêmes significations. Ainsi, si la face du gorille a l'air farouche, c'est à cause du développement d'une barre osseuse proéminente au-dessus des yeux qui jette une ombre inquiétante. Mais que le gorille relève son visage, laissant ainsi la lumière baigner son regard, jaillit alors une autre expression empreinte d'attention, presque de fébrilité lorsqu'il se sait observé. Je me surprends d'ailleurs à n'évoquer que les gorilles mâles, si imposants, toujours au centre de leur groupe, alors que les femelles nous semblent si effacées. Il suffit de s'asseoir et de poser son regard un long moment sur un groupe de gorilles pour voir s'animer des attitudes bien différentes des clichés produits par notre ignorance.

Les orangs-outans, avec leur front redressé, apparaissent les « plus humains » alors qu'ils sont les plus éloignés en termes de parenté. Leur lignée s'est séparée de la nôtre il y a plus de 12 millions d'années. Leur visage, à l'apparence si paisible, leurs gestes prudents et circonspects – ils comptent parmi les plus grands mammifères vivant dans les arbres – réveillent nos faiblesses anthropomorphiques.

Ces « hommes des bois », comme les appellent les habitants d'Indonésie, réveillent le mythe d'une préhumanité encore retenue par le monde obscur des forêts et qui n'attend que la parole. Grands singes aux mœurs solitaires obligées, ils semblent impassibles, dans l'attente de l'autre. Il arrive pourtant qu'ils se rencontrent – trop rares moments qui échappent encore plus aux éthologues. Triste constat alors que les dresseurs, les publicitaires, les photographes et les cinéastes diffusent ces images drôles ou ces drôles d'images d'orangs-outans assis, une main sur le crâne, la tête relevée et la bouche ouverte comme s'ils riaient à gorge déployée. Hélas, ils ne rient pas et s'amusent encore moins, figés qu'ils sont dans la projection en pleine face de notre anthropomorphisme avilissant.

Tristesse aussi devant l'amusement des foules quand des chimpanzés les regardent les yeux figés, la bouche sensiblement ouverte et les lèvres retroussées montrant des dents serrées. Cela fait rire les humains, mais les chimpanzés, eux, ne rient pas, en tout cas pas comme cela. Quand ils rient, ce n'est pas de l'autre dans sa différence ou son malheur, ils rient lorsqu'ils sont entre eux, paisibles, joueurs, la bouche détendue, le souffle haletant et le corps relaxé. Il faut nous effacer, les laisser en paix, accepter qu'il puisse y avoir du rire sans les hommes, abolir ces deux fléaux de notre arrogance qui, pour l'un, récuse l'existence du rire chez nos frères et qui, pour l'autre, projette un anthropomorphisme abject. Que les hommes puissent rire de cela n'a rien de drôle. Quant aux bonobos, ils ressuscitent la triste fable d'une enfance de l'homme kidnappée par tous les fantasmes d'une humanité insatisfaite de son âge d'homme.

La face est l'interface entre notre conscience et les autres. Les grands singes, surtout les chimpanzés, contrôlent certaines de leurs expressions faciales, mais non la totalité, tout comme nous. Quand on est surpris par un stimulus extérieur, on retrouve les mêmes réflexes, gusto-faciaux quand on goûte une nourriture inconnue trop amère ou délicieusement sucrée, ou les attitudes de vigilance lorsque l'environnement frémit, les traits de colère ou de soumission face à un antagoniste, le visage et la bouche détendus pendant le jeu, le rire et les baisers aussi...

Ces expressions partagées se révèlent lorsqu'on est contraint ou qu'on se laisse aller. Cela devient plus subtil dans le jeu des interactions sociales, lorsque cette fois les individus deviennent les acteurs conscients de leurs actions. Les expressions faciales se modèlent dans les jeux, les tromperies, les incitations, les invites, les mensonges, les dissimulations, les saluts, les mimiques. Certaines nous semblent familières, d'autres nous induisent en erreur, comme ces rires crispés des chimpanzés. L'homme se révèle plus fin, mêlant le rire et le sourire, l'entendu et le sous-entendu; seuls peut-être les regards ne trompent pas. Scrutez ces photographies, ces portraits. Ces grands singes ont accepté

27. *Simsim*
(Tampa, 2004)
Né le 25 janvier 1986, Simsim, cinq ans plus jeune que son frère, Makini, est le benjamin du groupe de gorilles du Busch Gardens, où les deux frères vivent ensemble. Il est très joueur et aime faire des « courses-poursuites » avec soigneurs ou visiteurs le long des grandes baies vitrées de son enclos.

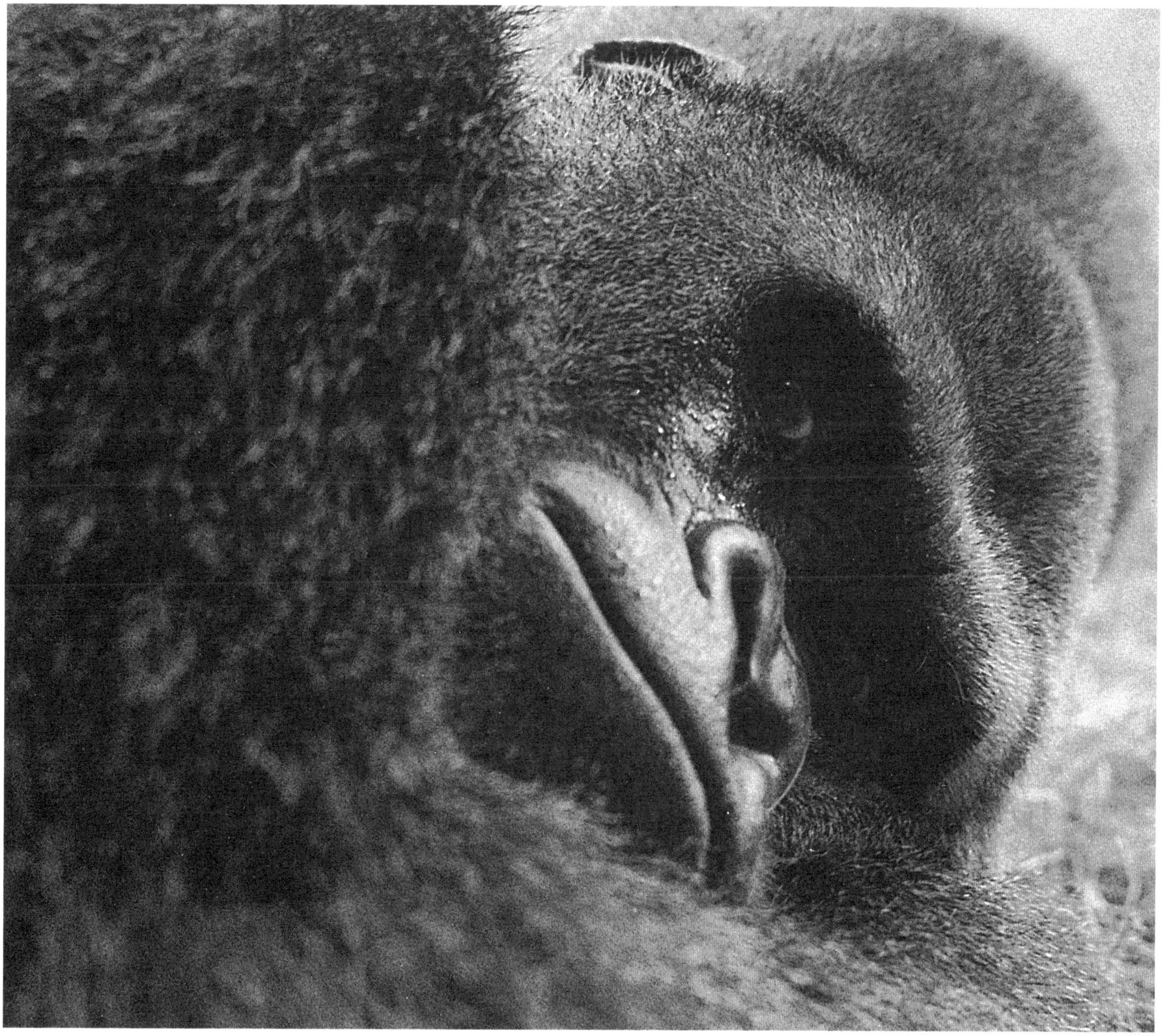

27

28. *Meru*
(Stuttgart, 2004)

de se laisser approcher, de tourner leur regard vers les hommes. Des face-à-face qui, quoi qu'ils puissent signifier, nous disent qu'ils ne sont ni des miroirs sans teint de notre anthropocentrisme ni des reflets déformés de notre anthropomorphisme. Ils sont nos frères, semblables et différents à la fois.

Les visages d'une autre histoire

C'est par la reconnaissance des visages que s'éclaire toute l'éthologie moderne. Jane Goodall, s'inspirant de ses collègues japonais, entreprit d'identifier les membres de la communauté des chimpanzés de Gombé, en Tanzanie. Seulement, cette pratique si pleine de bon sens heurta la communauté des éthologues de cabinet. Donner des noms à des chimpanzés, les sortir de l'anonymat indistinct des bêtes pour en faire des individus fut considéré comme inapproprié, voire indécent. Alors que depuis des millénaires les éleveurs de toutes les cultures nomment les animaux des prairies comme ceux des basses-cours, voilà que des savants en récusaient le bien-fondé pour les espèces sauvages. Les premiers articles de Jane Goodall furent rejetés sur cette seule (dé)considération. Quarante années plus tard, la reconnaissance des lignées de chimpanzés, l'identification des mères et des enfants tissent une galerie de portraits encore trop ignorée. Car, depuis tout ce temps, ce sont trois générations de chimpanzés qui se sont succédé, et nous connaissons leur histoire. Grâce aux films, aux photographies, aux livres et aux articles, une autre histoire s'est mise en place à côté de celle des hommes.

Sans personnages, pas d'histoire. Mais dès lors qu'ils apparaissent se dessinent des clans filiaux, ressortent les amitiés comme les inimités ainsi que les jeux du pouvoir. Un système social se tisse d'une organisation elle-même tissée de la qualité des relations entre les individus. De découvrir ainsi que les chimpanzés mâles apparentés restent ensemble toute leur vie durant, alors que les femelles quittent leur communauté de naissance pour aller se reproduire ailleurs, comme chez les hommes,

29

29. *Louisoko* (Stuttgart, 2004)

se différenciant en cela de toutes les autres sociétés de singes. Mais que se passe-t-il alors si des femelles dominantes décident de rester dans leur groupe natal ? C'est le cas du « clan F » à Gombé, le clan de Flo, Fifi, Feagan, Freud, Frodo... Et de découvrir que ces chimpanzés évitent l'inceste et que les individus font leurs choix selon leurs intérêts. Les femelles du clan F restent car elles disposent d'un statut dominant, du pouvoir. De la reconnaissance des visages se dégagent des personnes, des histoires de vie et, comment le dire autrement, de la liberté et de la responsabilité. La série de films réalisée par les équipes du *National Geographic* à Gombé pendant près de quatre décennies retrace une véritable histoire qui couvre plusieurs générations de chimpanzés. En regardant ces films dans l'ordre chronologique, on a l'impression de reconnaître les filiations. D'une génération à l'autre, on identifie des ressemblances. Impressions fallacieuses, anthropomorphisme naïf ? J'ai ressenti la même chose après avoir réalisé un film sur les chimpanzés du Burger Zoo d'Arnhem, en Hollande. En visionnant un film réalisé au cours des années 1970, je croyais identifier l'un des chimpanzés actuels. Les registres du parc devaient m'apprendre qu'il s'agissait de son géniteur.

Que des hommes parviennent à identifier des airs de famille parmi les chimpanzés n'est guère surprenant ; les éleveurs de chevaux ou d'autres mammifères peuvent également faire preuve d'un savoir empirique qui a de quoi étonner le néophyte. Une question bien plus intéressante consiste à se demander si les chimpanzés savent reconnaître des filiations d'après la seule ressemblance des traits du visage chez d'autres chimpanzés qu'ils ne connaissent pas. Dans les communautés de chimpanzés comme dans les groupes sociaux de singes – et d'autres mammifères –, la position sociale des individus est liée à leur filiation, plus exactement au statut de la mère. Les uns et les autres savent à quel clan appartient tel ou tel individu, et les jeunes l'apprennent très vite. Il s'agit davantage de la reconnaissance d'un statut, dont peuvent bénéficier des jeunes adoptés, que d'une reconnaissance individuelle. Des recherches récentes menées sur les chimpanzés du Burger Zoo et ceux du Yerkes Primate Center en Géorgie aux États-Unis confirment, non sans réelle surprise, que des individus d'une communauté sont capables d'identifier les liens de parenté parmi les membres d'une communauté qui n'est pas la leur. Il serait dès lors amusant de demander à des chimpanzés s'ils sont capables de reconnaître de telles filiations entre des hommes...

Une archéologie vivante du visage

Avec *L'Expression des émotions chez l'homme et des animaux*, Darwin soulève une question fascinante, celle des origines de notre face et de ses expressions, vite voilée par l'anthropocentrisme. Car cette accusation avilissante est promptement jetée à la face des chercheurs qui adoptent un autre regard sur les grands singes. Cette attitude inquisitoriale – qui mena en d'autres temps des penseurs comme Lucilio Vanini sur le bûcher à Toulouse en 1619 ; de nos jours, on se contente de briser des carrières universitaires – aura son procès du singe.
Il suffit pourtant d'observer, de prendre le temps, le temps d'une longue pause avec un grand-angle dégagé des œillères anthropocentriques. Alors les visages des grands singes s'animent, prennent des expressions qui sont les leurs, qu'ils partagent avec leurs semblables. Il ne s'agit plus d'expressions faciales consenties dans des relations grands singes-hommes. On passe de l'autre côté, dans un pays pourtant pas si imaginaire, pas même étrangement familier.
Les animaux qui nous entourent, et plus particulièrement les singes et

les grands singes, nous proposent une phylogénie encore animée de l'évolution de notre tête, de notre face ; une archéologie vivante de notre visage. Comment pourrions-nous reconstituer cette phylogénie avec les seuls fossiles à l'expression figée dans la mort ? Du visage, le plus important ne se fossilise pas, comme le rire. Voir un chimpanzé rire et voir s'effacer les crispations d'anthropocentrisme... Faire naître un autre visage de notre humanité.

Bibliographie

Sophie Bobbée, *Les Grands Singes : la fascination du double*, Paris, Autrement, 1998.

Charles Darwin, *La Filiation de l'homme et la sélection liée au sexe* (1871), Paris, Syllepse, 1999.

Charles Darwin, *L'Expression des émotions chez l'homme et l'animal* (1872), traduction de l'édition de 1889, Paris, Payot et Rivage, 2001.

Frans De Waal, *La Politique du chimpanzé*, Paris, Odile Jacob, 1995.

Jane Goodall, *The Chimpanzees of Gombe*, Cambridge, The Belknap Press of Harvard University Press, 1986.

Lisa A. Parr et de Frans De Waal, « Like mother, Like sons: Visual kin recognition », *Nature*, 399, 1999.

Pascal Picq, *Le singe est-il le frère de l'homme ?*, Paris, Le Pommier, 2003.

Pascal Picq et Yves Coppens (sous la dir. de), *Le Propre de l'homme. Aux origines de l'humanité*, vol. II, Paris, Fayard, 2001.

Pascal Picq, « La colère », *in* Jean-François Bouvet (sous la dir. de), *Le Péché, la Bête et l'Homme*, Paris, Seuil, 2003.

Clément Rosset, *La Lettre aux chimpanzés*, Paris, Gallimard, 1965.

Peter Sloterdijk, *Bulles, Sphères*, Paris, Hachette, coll. « Pluriel », 2003.

Filmographie

Nathalie Borgers et Pascal Picq, *Le Singe, cet homme*, Arte/Doc en Stock, 1998.

Nathalie Borgers et Pascal Picq, *Du rififi chez les chimpanzés*, Arte/Doc en Stock, 1998.

Visages animaux en « faces de soi »

Dominique Lestel

Les grands singes de Chris Herzfeld ont des *visages.* Cette particularité qu'on retrouve chez les gorilles, les chimpanzés, les orangs-outans et les bonobos n'a jamais été aussi évidente que dans les portraits qu'elle nous présente ici. On peut légitimement se demander pourquoi les visages de ces animaux sont restés si longtemps dans l'ombre. Ces photographies constituent donc une révélation, ce qui est bien le moins qu'on puisse attendre d'un médium qui utilise fondamentalement des révélateurs – mais l'inéluctable n'est pas le moins surprenant, comme le savaient déjà les stoïciens grecs. Ce n'est pas la première fois que des portraits de singes sont publiés. Parmi les exemples les plus récents, on peut citer le livre de Frans De Waal et Frans Lanting, et celui de Cyrille Russo et Emmanuelle Grundmann. Aucun n'évoque le visage des singes qu'ils présentent. Pourquoi les photos de Chris Herzfeld appellent-elles inéluctablement la question du visage et de la face ? Pour deux raisons, me semble-t-il. La première réside dans le choix des sujets. Il s'agit précisément de *sujets.* Les photos de Chris Herzfeld montrent des portraits, et exclusivement des portraits. Les faces de singes ne sont qu'occasionnelles dans les autres ouvrages : ici, elles sont centrales. En choisissant de ne faire que des portraits, elle fait un authentique *choix ontologique* : elle parie que l'identité essentielle de ces singes réside précisément dans la face. C'est un pari osé. Que Chris Herzfeld le gagne est encore plus fort.

31

La *face* de ces singes se fait *visage.* Ce choix radical qui donne tant de force à ses photos conduit à la seconde caractéristique qui distingue la photographe de ses confrères qui sont des « photographes animaliers ». Ils photographient des animaux par profession. Chris Herzfeld, elle, fait de la photo d'art et non de la photo documentaire. Il serait fâcheux de minimiser la puissance de l'esthétique dans notre capacité à connaître, et en particulier à connaître l'autre. Ce sont les pédants qui distinguent avec un soin maniaque d'exégètes byzantins ce qui relève de l'esthétique et ce qui émarge plutôt à l'épistémique : a-t-on jamais rencontré

30. *Gino*
(Orlando, 2004)
Né à Rotterdam le 30 décembre 1980, Gino est transféré à Chicago vers l'âge de 2 ans. C'est seulement en 1997 qu'il arrive au Disney's Animal Kingdom (Lake Buena Vista, Floride). Excellent père de famille, ce gorille « dos argenté » veille sur les siens de manière paisible et bienveillante.

31. *Jabari*
(Orlando, 2004)
Jabari est né le 4 novembre 1997. Son père est le « dos argenté » Gino (voir son portrait p. 56 et 90). Sa mère Hope (voir p. 15) est une excellente mère, bien que Jabari fût le premier petit qu'elle ait réussi à élever elle-même. Lorsqu'il a été suffisamment grand, elle l'a laissé explorer son environnement, tout en continuant à le soutenir quand il en avait besoin. Entouré par cette mère, très adéquate, et le père modèle qu'est Gino, Jabari est devenu un gorille très amusant, malicieux et déluré...

un authentique artiste inculte et un vrai scientifique insensible à la beauté du monde ? Rendons l'autre esthétique, et nous finirons par le trouver intéressant. Trouvons l'autre intéressant, et il en acquerra une esthétique saisissante.

Visages, faces, museaux

Les différences qui séparent *visages, faces* et *museaux* ne sont pas évidentes. Jane Goodall a été rapidement capable d'identifier des chimpanzés par des caractéristiques faciales uniques. Le bonobo que j'ai observé un jour au zoo de Planckendael, en Belgique, qui se cachait les yeux pour évoluer à l'aveugle dans l'espace encombré de sa cage, ne se voilait pas la face pour autant. Sue Savage-Rumbaugh raconte cependant l'histoire d'un bonobo, Kanzi, qui s'était placé sur la tête un masque de chimpanzé et qui se l'est enlevé avec un plaisir apparent qui renvoyait, semble-t-il, à la satisfaction d'avoir trompé l'autre. Ce fut la seule fois où un singe mit un masque. Inversement, chez les humains, l'usage de masques est tellement répandu que l'on peut légitimement se demander si l'idée de placer quelque chose devant la face pour la cacher ou la faire changer d'apparence n'est pas un de ces universaux de comportement chez l'humain que chassent avec dédain ceux qui ont été séduits par une anthropologie cognitive excessivement fonctionnaliste. On sait depuis longtemps que certains primates sourient et rient. Ou, plus exactement, et Jan Van Hooff fit des études pionnières sur le sujet, que certains ont des expressions faciales et corporelles qu'il est difficile de *ne pas* interpréter ainsi. S'ils ne rient ni ne sourient, du moins expriment-ils un répertoire d'expressions faciales qui en donnent au minimum l'impression. C'est déjà beaucoup ; cela justifie sans doute qu'on évoque déjà un *visage* chez ces animaux et non plus seulement une *face*. De Waal parle même de bonobos qui font des grimaces. Les chiens peuvent exprimer beaucoup en manipulant leurs faces – retournement de babines, etc. –, mais cette expressivité reste d'une pauvreté extrême si on la compare à celle des singes les

32. *Solok*
(Paris, 2003)
Ménagerie du Jardin
des Plantes.

33. Jeune gorille
de la nurserie du zoo
Wilhelma
(Stuttgart, 2004)

32

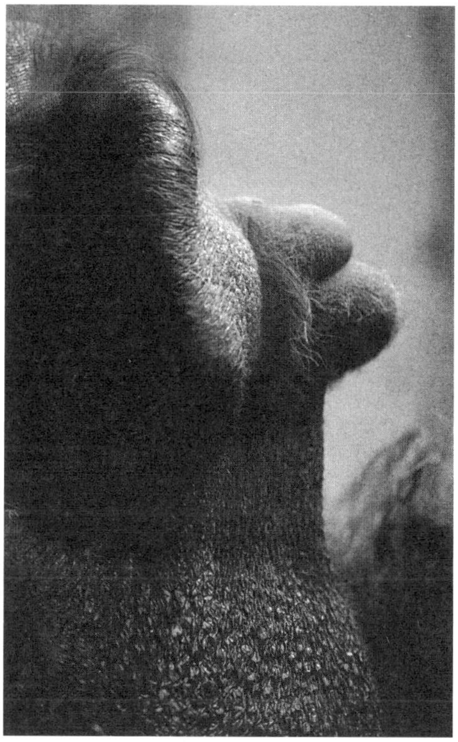

33

plus doués. Le chien garde un museau. Ces bonobos ont déjà un visage. Le regard établit la différence. Ce regard a très précocement attiré l'attention des primatologues, à juste titre d'ailleurs, car c'est vraiment sa possibilité qui fait le visage.

Le contact oculaire

Dans le célèbre *Traité de psychologie animale* qu'il publie en 1952, Frederik Buytendijk oppose le regard « en phare » des singes au regard « scrutateur » des singes anthropoïdes. Le regard des premiers « se déplace comme le faisceau lumineux d'un phare, d'un objet à l'autre », alors que celui des chimpanzés ou des orangs-outans, par exemple, « [le] laisse reposer [...], d'un seul coup, "en bloc", sur le monde extérieur ». L'anthropoïde possède ce que le psychologue néer-

34. *Bella*
(Louisville, 2004)
Née le 1er juillet 1984 au zoo de San Diego (Californie), Bella a été « élevée à la main » – c'est-à-dire par les humains –, puis transférée au zoo de Calgary (Alberta, Canada) le 30 mars 1988. Elle arrive au zoo de Louisville (Kentucky) le 21 décembre 1997. Son père Otis/Roge est né le 6 mars 1965 au Chaffee Zoological Gardens, à Fresno (Californie). La mère de Bella, Bubbles, était âgée d'environ 21 ans lorsqu'elle l'a mise au monde. Elle avait été capturée dans la nature en 1963, vers l'âge de 2 ans. Elle est décédée en avril 1995.

34

landais appelle un « regard profond », un regard « plein de sens et d'intention ». Ces primates montrent en conséquence une « attention » au monde qui les entoure qui n'a pas d'équivalent chez les autres singes, une attention portée au minuscule qui les humanise considérablement. La face du singe anthropoïde est un visage, précisément parce que celle-ci participe de sa personnalité propre. Le grand singe a un visage parce qu'il est habité par une intelligence dans laquelle nous reconnaissons une parenté avec celle que nous croyons posséder. L'intelligence qui habite ce visage n'est pas tant celle de celui qui montre le visage que celle, plus collective, de celui qui le met en scène. Dans un visage les yeux sont essentiels. Le *contact oculaire* permet une manipulation très fine du comportement ou des émotions des autres. L'homme y recourt fréquemment. Certains grands singes aussi. Cette procédure de contrôle présente des avantages évidents. L'une des plus intéressantes est qu'elle peut rester « privée » et n'être perçue que par celui à qui elle s'adresse. Le contact oculaire rend possible un contrôle ciblé au milieu d'une foule. Juan Carlos Gomez estime ainsi que c'est une façon efficace d'exprimer et de guider la communication intentionnelle.

Un organisme qui est sous le regard d'un autre se sent souvent en danger. George Schaller a décrit l'évitement du regard humain chez des gorilles observés dès 1963, alors même qu'il serait faux de croire qu'il s'agit là d'une particularité des primates: des pluviers, des iguanes, des poulets ou

35

35. *Smokey*
(Tampa, 2002)
Âgée de 43 ans, Smokey est une excellente politicienne. Elle a l'art de se faire des amis. Les autres chimpanzés du groupe ont respecté son ascendant malgré les deux thromboses qui l'ont affaiblie.

des serpents[1] y sont par exemple sensibles. Inversement, les petits singes – comme les singes-araignées – y recourent difficilement.
Les grands singes sont particulièrement intéressants à cet égard – y compris l'homme, qui accompagne ses interactions amicales d'un contact oculaire prolongé. Certains chimpanzés, en particulier quand ils sont captifs, adoptent des comportements similaires lorsqu'ils recherchent un contact dans le cadre des stratégies de réconciliation.
Le contact oculaire n'est plus seulement perçu comme une menace.
Cette transformation des usages du contact oculaire a également été observée chez des gorilles élevés par des humains : ils ont développé un répertoire varié de gestes spécifiques pour attirer l'attention – tirer sur les vêtements, tapoter la jambe, toucher une main, tendre une main vers une personne, tourner la tête de l'humain vers ses yeux, utiliser une vocalisation « pig-grunt » si typique des gorilles. Les études expérimentales qui abordent les usages du contact oculaire ne commencent vraiment qu'aux débuts des années 1970. Emil Menzel Jr cherche alors à comprendre comment des chimpanzés communiquent à des conspécifiques des informations qui permettent à ces derniers de déterminer où se trouvent des objets cachés. Observer le visage de l'autre joue un rôle fondamental dans ce processus. Celui qui sait regarde d'abord vers l'endroit où est l'objet avant de regarder le visage de celui qui veut savoir. De même, le pointage du doigt chez Sarah, un chimpanzé qui a appris un langage symbolique, s'accompagne fréquemment d'une alternance de regard entre la cible et l'humain présent.

Des faces sans visage

Les primatologues ont appris à reconnaître individuellement leurs animaux en utilisant exclusivement des caractéristiques naturelles de l'animal. Dès 1963, George Schaller a par exemple traqué des gorilles de montagne individuellement en faisant une collection de ce qu'il appelle des *nose-prints* – des diagrammes qui reproduisaient les caractéristiques individuelles des nez des gorilles. Un traitement

36. *Kishina*
(Tampa, 2003)
Née le 7 août 1972 au Yerkes Institute, Kishina a été élevée par les humains. Elle était âgée d'environ 20 ans lorsqu'elle est arrivée au Busch Gardens... Son père, Ozoum, né en milieu naturel vers 1961, vit au zoo d'Atlanta depuis 1988. Kishina, dont le nom signifie « danse » en swahili, est calme, douce et aimable. La gorille s'intéresse beaucoup aux visiteurs et recherche les contacts avec les enfants qu'elle incite à jouer avec elle, le long des vitres de son enclos.

37. *Lina*
(Stuttgart, 2004)
Jardins zoologique et botanique Wilhelma.

voisin sera bientôt appliqué à des non-primates. Les visages se sont-ils donc tout à coup multipliés en éthologie ? Je ne pense pas. Si certains animaux ont *quelque chose du visage*, ils n'en conservent pas moins une face. Les éléphants sont individualisés par la forme des trompes et par celle du bord des oreilles. Les lions peuvent être discriminés avec précision par la structure que dessine la localisation des vibrisses. Dans les années 1960 et 1970, les biologistes commencent à penser que de très nombreux animaux peuvent être identifiés par des marques naturelles. Chaque zèbre est individualisé par la structure unique des rayures. Les cétologues identifient les baleines et les dauphins par les marques naturelles subtiles qui les individualisent. Ces marques incluent des structures de couleur sur la surface ventrale des queues des baleines à bosse, des marques sur le bord de l'aileron des *sperm whales* (cachalots), des marques sur la nageoire dorsale et de la pigmentation du dos des *monke whales*, les entailles et formes de nageoire dorsale des dauphins *bottlenoses* (grands dauphins ou tursiops), des dauphins *humpback* (dauphins à bosse de l'Atlantique), des dauphins *spinner* (dauphins à long bec). En 1971, Payne et ses collègues démontrent qu'il est possible de reconnaître individuellement les baleines par la forme de leur tête ; il établit alors un véritable « catalogue de têtes » à partir duquel il identifie individuellement, et de façon très fiable, les animaux qu'il observe. Ainsi peut-on se demander à partir de quand on commence à avoir un visage. Jusqu'où s'étend-il ? Il est intéressant de constater que l'éthologie contemporaine s'intéresse ainsi de près à des *individualités sans visage*.

37

Face de corps

Chez les primates anthropoïdes, humains y compris, le visage reste cantonné à la face, très précisément localisée, alors que, chez de nombreux autres animaux, *le visage peut s'étendre à tout le corps* – le museau n'est alors qu'une partie de la face de l'individu qui peut comprendre le corps entier – voire s'étendre à plusieurs animaux. Soit l'exemple

38. *Segundo* (Louisville, 2004) Segundo est un grand mâle orang-outan très impressionnant. Il est capable de déployer une énergie et une force redoutables. Ses soigneurs disent de lui qu'il est très courageux : souffrant d'une maladie très grave, il n'a presque rien laissé paraître, s'est laissé soigner et a même collaboré du mieux qu'il pouvait aux soins.

39, 40, 41. *Tubo* (Paris, 2003) L'orang-outan Tubo est le troisième fils de Nénette (voir son portrait p. 103). Né le 15 mai 1994, il a été élevé par sa mère et a bénéficié de la présence attentive de son père, Solok (p. 76 et 79), aujourd'hui disparu. Son petit frère, Dayu (p. 77), né en décembre 1999, s'entend très bien avec lui. Ensemble, ils perpétuent les jeux qu'ils ont connus avec leur père...

38

des coyotes, tel que le décrit Pamela McMahan : « Posture corporelle et expression faciale sont aussi des formes complexes de communication. Un coyote utilise son corps entier pour raconter l'état de son être. Pour exprimer la joie, les oreilles sont repliées vers l'arrière, et l'animal s'accroupit bas, le corps se tortille et la queue s'agite presque d'une oreille à l'autre, sa bouche est à peine ouverte avec les lèvres tirées légèrement en arrière, et la langue est étendue et rétractée dans un mouvement de lèche. Habituellement, des sons de geignement ou de gazouillement accompagnent ce langage corporel. Une version moins débordante d'enthousiasme de cette posture exprime la soumission : le corps est plus bas, et le coyote paraît plus inquiet. La posture agressive est presque l'antithèse de la posture de soumission. Le corps est droit, la queue étendue, et les poils en érection sur les épaules et le dos. S'il est exprimé la volonté de mordre, en particulier quand toutes les issues sont bloquées, un coyote exécute un bâillement de menace, la bouche largement ouverte avec les lèvres tirées en arrière, exhibant ainsi ses armes potentielles. De façon typique, aucun grognement ni autre vocalisation ne sont exprimés lors d'un bâillement de menace maximal. Les coyotes ont une étendue d'expression qui leur permet de communiquer clairement les uns avec les autres[2]. »

Face cachée, face masquée

Si l'on en croit Bernd Heinrich qui les a étudiés pendant des années, les corbeaux peuvent considérablement varier leurs expressions faciales. On ne voit pas leur peau, dissimulée par les plumes, mais celles de la tête peuvent être réarrangées par les muscles qui les commandent et exprimer ainsi de multiples humeurs, émotions et intentions. Ces plumes jouent alors un rôle important et subtil qui leur donne une place entre le visage et le masque. Le lien entre ces expressions qu'on n'ose réellement appeler faciales et les postures du corps de façon plus générale est particulièrement intéressant. Tout se passe en effet comme si la face du corbeau avait *glissé* de façon inopinée sur le reste de son

39

40

41

corps. « Je peux me rendre compte en un clin d'œil si un corbeau se sent effrayé, attentif, en colère, ou content », écrit Bernd Heinrich[3]. L'éthologue lit l'animal à travers son expressivité corporelle. Mais il y a plus encore. La « face » du corbeau ne coule pas seulement sur le reste du corps ; elle déborde sur le lien social. Elle se métamorphose en présence d'un congénère. Goliath en présence de Fuzz passe d'un statut dominant à un statut soumis: en conséquence, structures des plumes de tête, postures corporelles et vocalisations se transforment de façon dramatique et se combinent d'une manière fascinante. Le résultat est étonnant : l'humain est perdu face à une telle complexité de l'expressivité. Bernd Heinrich lui-même s'avoue vaincu : « Je dois marquer les corbeaux pour être capable de les reconnaître », finit-il par admettre. On comprend dans ces conditions que le positiviste exulte: il n'y a pas d'intentionnalité chez le non-humain, répétera-t-il à l'envi. Ce qu'il décrira comme prudence méthodologique est en fait une capitulation sans condition devant la richesse du vivant. Bernd Heinrich lui-même rappelle qu'il n'a jamais été capable de reconnaître quelques individus parmi les vingt-deux oiseaux qu'il a attrapés durant l'hiver 1992, alors même qu'il avait acquis une grande familiarité avec eux. Il explique que nous avons tendance à voir les corbeaux comme uniformément noirs, alors que leurs plumages comportent des nuances de vert, du bleu et des reflets pourpres. Comme nous avons des difficultés à distinguer un corbeau d'un autre, nous tendons à voir leurs comportements comme des actions stéréotypées et programmées. Bernd Heinrich considère que les corbeaux offrent une diversité expressive à laquelle nous ne pouvons pas avoir accès parce que nous sommes limités par des capacités perceptives et imaginatives inadéquates. Nous autres humains sommes incapables de les reconnaître individuellement sans les marquer, alors qu'eux-mêmes se reconnaissent très bien entre eux, comme nous pouvons nous en rendre compte dès que nous commençons à nous intéresser aux relations hiérarchiques d'une précision hallucinante que ces oiseaux entretiennent les uns avec les autres. Ces animaux

42. *Meru*
(Stuttgart, 2004)
Meru, né le 4 février 2004, est photographié dans les bras de sa mère, Mimi, au zoo Wilhelma de Stuttgart (Allemagne). La gorille, capturée au Cameroun en 1964, est arrivée à Stuttgart vers l'âge de 1 an. Elle a été élevée par les humains. Le père de Meru s'appelle Kibo. Il est né au zoo de Cologne en octobre 1990 et vit à Stuttgart depuis septembre 2001.

42

43

43. *Bella*
(Louisville, 2004)
Ses soigneurs disent qu'elle est souvent perdue dans ses pensées. Cependant, Bella aime également être le centre d'attention. L'orang-outan apprécie particulièrement les compliments et les encouragements.

44. *Makini*
(Tampa, 2004)

remarquables possèdent donc une face qui leur est opérationnelle et « immédiate », alors qu'elle reste invisible pour nous. Nous avons peut-être les moyens (techniques) de nous rendre compte que des différences existent, mais nous n'avons pas les moyens (psychophysiologiques) qui nous permettraient d'intégrer ces différences dans nos comportements. Le corbeau a peut-être une face, comme les grands singes, mais elle reste cachée à la perception humaine. Cette face cachée du corbeau n'est pas pour autant masquée. Le *masque* renvoie à la volonté de certains humains de dissimuler leur visage. Chez quelques animaux à l'humeur carnavalesque, le masque qui caractérise leur face serait plutôt un *masque sans face*, destiné à pallier l'absence de cette dernière, comme chez de nombreux insectes, et non un masque qui servirait à la cacher.

44

Monstrations réciproques

L'une des grandes idées du zoologue Adolf Portmann était qu'il fallait saisir le mystère de la vie dans *la façon dont les animaux se montrent les uns aux autres*. Avec le grand singe anthropoïde, nous avons affaire à un animal qui ne montre pas seulement son apparence à l'autre, mais qui dévoile de surcroît son intériorité et sa subjectivité. Nous avons affaire à un animal qui s'expose de l'intérieur. C'est très précisément ce qu'est un visage dans cette perspective : une fenêtre ouverte sur les espaces intérieurs d'un être. L'idée est certes séduisante, mais pas entièrement convaincante. Un doute subsiste quant au sens de l'inférence : a-t-on un visage parce qu'on possède déjà une intériorité, ou cette dernière dépend-elle avant tout de la présence d'un visage ? Dans la perspective d'une zoologie comparée de l'assujettissement, une telle hypothèse serait à la fois plus séduisante et plus heuristique. Elle ferait certes dépendre quelques-unes de nos caractéristiques psychiques les plus fondamentales de propriétés rares de notre corps primate, mais elle permettrait surtout de rendre plausible cette idée qui reste encore très baroque que l'hominisation s'est faite en partie à travers

45

l'*envisagement culturel* d'un singe très social, *Homo sapiens*, et que le visage n'est pas un attribut comme la jambe, l'aile ou la nageoire – qu'on possède ou qui manque –, mais une potentialité psychobiologique qui s'acquiert et se cultive, et à laquelle on a accès de façon plus ou moins accentuée. Maurice Merleau-Ponty reprend d'ailleurs à son compte la vision démonstrative du zoologue suisse. L'animal voit selon qu'il est visible, écrit le phénoménologue du Collège de France. Chacun est le miroir de l'autre. Il existe, autrement dit, ce que le philosophe français appelle une *interanimalité* et non des animaux séparés. En poursuivant le raisonnement dans cette direction, le visage ne serait pas ce qu'un individu posséderait, mais une interface entre individus. Le visage de l'un ne peut se constituer qu'avec un autre pour le voir comme tel. La présence du visage chez les grands singes nous conduirait ainsi à une connivence avec lui qui sortirait de l'animalité *stricto sensu*. Cette face qu'il nous présente n'en est déjà plus une. Nous constituons avec lui une interanimalité qui prend l'aspect d'une intersubjectivité, laquelle n'est plus seulement construite autour d'apparences extérieures, mais organisée autour d'appréciations plus ou moins audacieuses de sentiments intérieurs. Notre intersubjectivité nous subjugue – tout interspécifique qu'elle puisse être par ailleurs – et nous transforme.

46

45. *Wattana* (Paris, 2003) Ménagerie du Jardin des Plantes.

46. *Undi* (Stuttgart, 2004) Née vers 1970 en milieu naturel, la gorille Undi a été capturée puis élevée par les humains. Elle est arrivée au zoo Wilhelma de Stuttgart le 28 mars 1973.

Prothèse de face

On peut ainsi se demander ce qui distingue la vision d'une même face de chimpanzé par un chimpanzé et par un humain, qui lui-même dispose d'un visage très élaboré. On a pu montrer que l'une des caractéristiques majeures qui différencient le loup et le chien était liée aux usages du regard humain, c'est-à-dire déjà, et d'une certaine manière, à l'expression du visage. Le chien communique très bien par l'intermédiaire du regard de son maître, alors que le loup est incapable de suivre le regard d'un homme et d'en comprendre la signification. Face de soi et face de l'autre ; le face-à-face est complexe. Aucune raison n'incite à penser que l'appréhension de l'un et celle de l'autre suivent une symétrie quelconque. Les chiens, sans face, comprennent celle des humains, ou plus exactement certaines caractéristiques de celle-ci, alors que les loups, pourtant proches phylogénétiquement, en sont incapables. Un chien d'aveugle fait même partie de la face d'un humain. Jusqu'où peut-on donc concevoir des extensions de la face de l'humain à certains animaux ou de certains animaux à l'humain ?

Visage avec secret et visage sans secret

Les multiples aperceptions (qu'il appelle les perceptions insensibies) plus ou moins conscientes conduisent Leibniz à élaborer une théorie du temps – mais on pourrait tout aussi bien en tirer une théorie de la vie en commun et de la communication. Deux choses doivent soigneusement être distinguées. D'une part, nous communiquons. D'autre part, nous sommes loin d'être totalement conscients de la totalité de ce qui est communiqué *et* de la totalité de ce qui est mobilisé dans la communication. Cette double indétermination fondamentale de la communication entre êtres vivants porte sur la physique du message et sur sa signification. Elle explique que la nature de la communication puisse changer au cours du temps. Nous pouvons découvrir un chimpanzé inconnu après avoir communiqué avec lui pendant des années. Quels sont les animaux avec lesquels la communication peut

47. *Alina*
(Tampa, 2003)

48. *Pattycake*
(New York, 2003)
Pattycake est née le 9 mars 1972, au cœur de Manhattan (zoo de Central Park, New York). En 1982, elle a été envoyée dans le magnifique espace forestier réservé aux gorilles du zoo du Bronx. Plusieurs naissances y ont eu lieu : une à trois par an presque chaque année depuis 1994.

Le 4 février 2001, Pattycake a mis au monde une fille, Nyasha, élevée par les humains. Pattycake est très intéressée par les visiteurs qui se pressent devant les immenses baies vitrées de son enclos. Elle reste de longs moments près d'eux, adossée à la vitre.

47

se faire *surprise* ? Une caractéristique fondamentale du positiviste n'est pas seulement que pour lui tout puisse être ramené à des causalités physiques, mais qu'on y soit immédiatement sensible, par simple physiologie causale, sans médiation psychologique ou culturelle.

Pour le positiviste, la seule question légitime serait de savoir si les grands singes ont un visage ou non. Pour moi, la question fondamentale est tout autre : elle est de savoir si nous pouvons trouver un visage chez certains grands singes et pourquoi une telle disposition nous importe à nous, humains. Toute nouveauté résulte d'une *ouverture* et d'un *intérêt*. (Ce que Darwin traduit par mutation et adaptabilité ; nous n'avons pas besoin d'une théorie du complot quand on évoque l'idée d'intérêt.) N'oublions pas que, dans l'histoire, de nombreux humains n'ont pas trouvé de visage à de nombreux autres ! Le positiviste dira qu'on est justement dans l'illusion. Il aura tort. Il considérera en effet que la connaissance est *comptable* en termes d'information, alors que je suggère qu'elle est plutôt *compatible* avec des croyances, des actions et des agencements. Comme le dit Leibniz, « les pensées sont des actions ». Je veux être leibnizien – en particulier lorsque Leibniz évoque les dispositions, les habitudes et les virtualités pour caractériser l'inné, c'est-à-dire la nature de l'organisme. Peut-on avoir quelque chose sans s'en servir ? C'est toute la problématique de la virtualité, mais pas seulement. Est virtuel ce qui est prêt à être utilisé. Le visage du chimpanzé n'est pas quelque chose qu'a le chimpanzé sans l'utiliser, mais une propriété qui fait partie de la covirtualité du chimpanzé et de l'humain. La culture est précisément la possibilité d'inventer des agencements qui deviennent virtuels *a posteriori*. Comme l'écrit encore Leibniz, l'inné repose souvent sur beaucoup de travail ! Je crois

49

qu'avec les visages animaux nous sentons bien ce que peut être une invention culturelle, et nous devons être prêts à l'assumer totalement : les organismes les plus « intéressants » sont ceux capables de s'inventer dans l'association avec les autres. Il faut sortir de la problématique innéiste du XVIIe siècle pour entrer dans celle des ouvertures ou des fermetures qui sont données à l'individu par l'organisme dans des mises en scène plus ou moins élaborées. Le XXIe siècle sera, entre autres choses, celui de l'invention des visages animaux. Nous n'avons pas besoin, de surcroît, de faire de ces derniers des espèces d'humains. Alexis Philonenko dit justement que, pour Schopenhauer, « l'homme est cet animal dont le secret profond est manifesté par le visage ». Nous pouvons ajouter que c'est tout au moins ce que beaucoup d'humains s'imaginent de façon plus ou moins explicite. À supposer que cela soit vrai, tout visage renvoie-t-il pour autant à un secret profond ? On pourrait tout aussi bien dire que la pratique du visage comme renvoi à un secret n'est pas incompatible avec d'autres. La présence d'un visage peut-elle faire l'objet de pratiques multiples ? Existe-t-il des visages avec secrets et d'autres sans secrets ? L'idée aurait pu faire sourire naguère ; avec les avatars des mondes virtuels, la possibilité du visage sans secrets doit être envisagée sérieusement. Autrement dit, l'intériorité est une caractéristique du visage occidental, et il n'est nul besoin d'en faire un impératif épistémique. Après avoir utilisé les machines pour abaisser l'animal, nous pouvons au contraire y recourir aujourd'hui pour l'élever. C'est parce que certains artefacts peuvent avoir des visages, et parce que nos machines peuvent en prendre des

50

49. *Ndowe* (Stuttgart, 2004) Fils du « dos argenté » Xebo, qui règne en maître sur le groupe des femelles gorilles du zoo de Barcelone (Espagne), Ndowe est né le 22 septembre 2003. Les soigneurs l'ont pris sous leur protection. La mère de Ndowe, Kena, a également été élevée « à la main ». Le petit gorille a ensuite été accueilli à la nurserie du zoo Wilhelma de Stuttgart à moins de six mois. Le zoo allemand est en effet spécialisé dans les soins aux jeunes primates anthropoïdes. Tous rassemblés dans le même département, ils sont répartis selon leur âge, nourris au biberon et entourés d'affection. Les plus âgés jouent avec leurs soigneurs plusieurs fois par jour.

50. *Chipita* (Stuttgart, 2004) Jardins zoologique et botanique Wilhelma.

photos que l'idée que certains animaux puissent avoir un visage, eux aussi, acquiert une plausibilité inattendue.

Le philosophe allemand Hans Plessner remarque, non sans un certain humour, dans un texte des années 1950, qu'il était étonnant que ce soit l'humain, qui parle avec un langage élaboré, qui ait été doté de la face la plus expressive alors que c'est lui qui en aurait le moins besoin.

Le test de la tache sur le front utilisé par les psychologues pour comprendre la conscience de soi du chimpanzé ou sa représentation de soi est un classique de la psychologie expérimentale. Après l'avoir habitué au miroir, on endort le chimpanzé auquel on dessine une tache de couleur sur le front. Lorsqu'il se réveille, il est intrigué et frotte cette apparition incongrue sur son front et non son reflet dans le miroir. Personne n'a pourtant jamais observé de grand singe « se refaire une beauté » en se peignant la face.

Les parents devraient être plus tolérants envers certains comportements excentriques de leur progéniture adolescente : piercing, rouge à lèvres et Rimmel constituent peut-être plus sûrement le propre de l'homme, s'il existe, que ce langage que de nombreux philosophes ont jadis mis en avant.

1. La relation regard-danger a été expérimentalement démontrée chez des pluviers (Ristau, 1991), des iguanes (Burger *et al.*, 1992), des poulets (Suarez et Gallup, 1982) ou des serpents (Burghardt et Green, 1988) – qui réagissent de façon défensive à des organismes qui les regardent. Redican (1975) montre que c'est également le cas chez des primates non humains.

2. Pamela McMahan, « Natural history of the coyote », *in* Michael Fox, Roberta L. Hall et Henry S. Sharp, *Wolf and Man. Evolution in Parallel*, New York, Academic Press, 1978.

3. B. Heinrich, *Mind of the Raven*, New York, Harper Collins, 1999.

Portrait de personne avec fourrure

Vinciane Despret

Les photos, souvent, racontent une histoire; parfois même, une histoire les accompagne : « Tu te souviens, ce jour-là… ? » Tout ce qui entoure les personnages porte les indices d'une narration possible. Les portraits, à cet égard, sont un peu différents : leur narrativité est somme toute assez sobre. En témoigne le fait que parfois un objet, et le plus souvent un seul, reçoive l'autorisation de partager l'image ; c'est à lui que reviendra la charge de dire, de commenter, voire de donner un nom – dame à la rose, jeune fille à l'éventail, homme à la pipe.

Avec les photos, on est dans le temps de « ce jour-là… » : « Ce jour-là, on était chez grand-mère », « ce jour-là, il avait plu… », le temps de l'instantané, celui que « saisit » la photo, justement. Les photos évoquent le plus souvent l'action. Et même notre manière de les classer dans les albums, par ordre chronologique, rappelle que le temps passe, et qu'il est passé. Le portrait, en revanche, semble créer un tout autre rapport au temps. Il s'y inscrit un peu comme si rien ne devait changer.

L'action y est soit absente, soit suspendue. C'est le temps, en somme, que le portrait suspend. De là l'impression de cette différence : les photos réveillent les histoires ; les portraits, quant à eux, entrent dans l'histoire – ou, plutôt, font entrer dans l'histoire.

Voilà sans doute pourquoi les animaux ont été jusqu'à présent recrutés exclusivement dans nos photos : ils avaient certes des histoires à raconter, parfois les nôtres, parfois, surtout depuis que nous sommes devenus très curieux à leur égard, les leurs, mais cela s'arrêtait le plus souvent là.

On ne fait de portrait que de ceux qui importent – même s'ils ne commencent à importer que parce qu'ils se sont prêtés à l'intérêt du portraitiste. Les animaux importaient, certes, mais différemment. Disons-le tout net : pas comme des personnes.

Regardez-les bien, mesurez bien le contraste qui se dessine grâce à ces nouvelles manières de leur proposer une image ; on a effacé leur

51. *Smokey*
(Tampa, 2004)

52. *Solok*
(Paris, 2003)
Solok a été capturé en milieu naturel vers l'âge de 2 ans, en 1969. Il a ensuite vécu seize ans au zoo de Leipzig, avant de devenir le compagnon de Nénette à la ménagerie du Jardin des Plantes (Muséum national d'histoire naturelle). Aimable et bienveillant, il était très apprécié de tous. Le grand mâle orang-outan s'est éteint le 14 février 2004.

52

geste, leur corps, l'environnement bavard de congénères ou de la nature : ne reste qu'un regard, un sourire, une moue, un reproche, de la tristesse, un élan heureux de tous les traits. Ce sont des visages. Nous étions les seuls à en avoir.
Les animaux deviendraient-ils des personnes ?
La question, semble-t-il, mérite d'être posée. Elle le mérite plus particulièrement depuis quelques années, des voix de plus en plus nombreuses se sont élevées, des mouvements se sont mobilisés pour réclamer une modification du statut de certains d'entre eux. Ces mobilisations me semblent aujourd'hui constituer une étape importante de cette aventure, une aventure passionnante parce qu'elle raconte des transformations qui nous arrivent comme elles arrivent à certains animaux. En d'autres termes, ces portraits d'animaux autour desquels nous nous penchons aujourd'hui traduisent, à leur manière, une réussite. C'est à elle que je voudrais m'intéresser dans les pages qui suivent, pour la comprendre et surtout pour l'accompagner.

Compétences partagées

Cependant, si nous parlons de réussite, il faut rappeler que cette volonté de proposer à des êtres autres qu'humains les privilèges que nous accordons en principe aux personnes n'a concerné jusqu'à présent que quelques-unes des espèces, le plus souvent celles des grands singes et des dauphins. Il y a des raisons à cela, dont certaines sont

53. *Dayu*
(Paris, 2003)
Dayu est né au cœur de Paris, à la ménagerie du Jardin des Plantes (Muséum national d'histoire naturelle), le 6 décembre 1999. Objet de tous les soins de sa mère Nénette, vedette incontestée de la ménagerie, il a grandi entouré de ses parents et de son frère Tubo. Il fut le partenaire de jeux privilégié de Solok, aujourd'hui disparu. Cette activité ludique entre père et fils n'existe pas dans le milieu naturel car les mères élèvent seules leurs petits... Les orangs-outans occupent en effet des territoires très étendus, à cause de la difficulté d'accès aux ressources alimentaires. Ils ne forment pas de groupes, mais vivent en individus « semi-solitaires », qui manifestent leur intelligence sociale lors de rencontres impromptues entre congénères.

lisibles dans les arguments généralement utilisés pour justifier cette cooptation : « Ils ont des compétences tellement similaires aux nôtres. » En effet, les recherches menées au cours de ces dernières décades, notamment avec les chimpanzés et les dauphins, ont abouti à leur reconnaître des capacités de plus en plus complexes, et même à renoncer à penser comme nous étant exclusives, la plupart des aptitudes qui, jusqu'alors, définissaient le propre de l'homme. De multiples expériences, dont celle bien connue de la tache de peinture sur le front, imaginée par Gallup[1], ont ainsi démontré que certains animaux témoignaient de la possibilité de se reconnaître et donc d'avoir une conscience d'eux-mêmes. De cette capacité vont dépendre quantité d'autres, qui seront tour à tour interrogées, comme celles d'attribuer des états mentaux ou des intentions à autrui (lisibles dans le fait de pouvoir tromper l'autre), d'imiter, de se mettre à la place de quelqu'un d'autre, d'éprouver de la compassion, voire le sens des responsabilités. La question de la « différence » entre eux et nous est devenue, au fur et à mesure de ces recherches, de plus en plus problématique.
Bien sûr, on pourra toujours contester ce que la primatologue Thelma Rowell[2] appelle un nouveau « scandale hiérarchique » : lorsque nous affirmons que les grands singes ou les dauphins sont beaucoup plus intelligents ou témoignent de compétences sociales beaucoup plus sophistiquées que d'autres espèces, avons-nous joué le jeu de la comparaison de manière équitable ? Nous privilégions des animaux qui manifestent des compétences proches des nôtres, et nous leur proposons, en conséquence de ce privilège, des dispositifs de plus en plus compliqués qui leur permettent en retour de manifester encore plus

54

d'intelligence ou d'expertise sociale. Les moutons, pour ne citer qu'eux, n'ont pas souvent eu l'opportunité de se voir proposer des questions autres que celles qui concernent la croissance de leurs gigots. Soyons pragmatiques : il fallait bien commencer quelque part pour dénoncer ce premier scandale de la hiérarchisation qui nous a fait séparer le monde des êtres en deux catégories, « nous » et les « animaux ». Et, puisqu'il s'agit d'élargir celle qui nous désigne, la catégorie des « personnes », il semble cohérent que l'on se soit d'abord inquiété de ceux qui, du fait de leur ressemblance avec nous, paraissaient les plus à même de poser leur candidature – ce d'autant plus que leur survie est très sérieusement menacée. Si l'on peut donner raison à cette option que l'on pourrait qualifier d'anthropocentrisme légitime, elle me semble néanmoins poser un problème : l'universalisme sur lequel elle se fonde apparaît, à l'analyse, relever plutôt d'une démarche sérieusement ethnocentrique. En effet, lorsqu'on s'attache aux arguments invoqués dans la littérature pour plaider en faveur de la candidature de non-humain au statut de *personne*, on peut constater que la proposition se fonde sur la similitude de certaines compétences, le plus souvent des compétences cognitives, comme la conscience de soi[3].

Or, si on y réfléchit bien, enrôler un être non humain dans la catégorie de « personne » au motif de telle ou telle compétence, c'est d'une certaine

54. *Kissa*
(Stuttgart, 2004)
Kissa est née le 12 mai 2004 au zoo d'Heidelberg (Allemagne). Venu du zoo de Berlin, son père, le gorille Bobo, est arrivé à Heidelberg en 2000. Sa mère, Chuma, est née au zoo Artis d'Amsterdam (Pays-Bas), puis elle a été élevée pendant un an à la nurserie du zoo Wilhelma de Stuttgart – tout comme sa fille aujourd'hui. Elle fut transférée au zoo d'Heidelberg à presque 3 ans. Kissa était âgée de moins de 2 mois lorsqu'elle est arrivée à Stuttgart.

55. *Solok*
(Paris, 2003)
Lors de sa disparition, en février 2004, un des soigneurs de la ménagerie du Jardin des Plantes, Franck Simonnet, très ému, a déclaré qu'il avait été fier d'avoir connu un être tel que Solok.

manière assumer que ce qui fonde l'identité de la personne correspond à ce critère. C'est alors que me semble surgir un problème : ne sommes-nous pas en train de définir ce qu'est une personne selon un critère qui n'est pas questionné ? Ne sommes-nous pas, en d'autres termes, en train d'imposer ce qui, pour nous, constitue la personne, que ce soit parce que nous appartenons à une tradition postromantique préoccupée par la question de l'identité individuelle[4], ou parce que nous pensons dans une culture « psychologisante » qui tend à privilégier les processus cognitifs ?

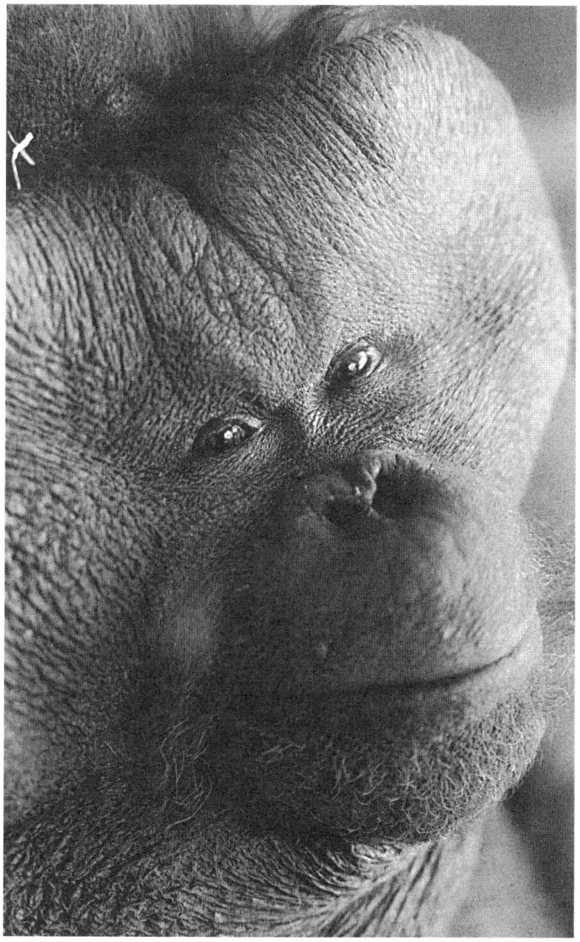
55

Ne l'oublions pas, la proposition d'étendre la catégorie de personne à des êtres autres qu'humains est une proposition politique : elle vise à modifier les assemblages, à redéfinir le collectif, à remettre en cause les hiérarchisations et à produire de nouvelles identités; mais elle est également une proposition politique dans la mesure où elle traduit et effectue concrètement des choix et des valeurs : ce que signifie « être une personne » et ce qui importe pour le devenir. Or, en faisant d'un critère, comme la conscience de soi – ou d'une série de critères qui en dépendent –, le fondement de la définition, n'est-on pas en train de

56. *Tuan*
(Anvers, 1996)

57

58

procéder, subrepticement, à l'universalisation de ce qui, pour nous, semble important ? Ne sommes-nous pas en train de transformer en essence immuable ce qui se caractérise, dans chaque culture, sous le signe de l'invention et du devenir ? Qu'est-ce qui fait qu'on devient une personne pour un Ifaluk du Pacifique occidental[5], un Bambara du Mali ou un Japonais ? L'unanimité sera pour le moins difficile à obtenir : si la catégorie de « personne » fonctionne comme un universel, il s'agit d'un universel qui se construit, se négocie, s'invente localement. Qu'on s'attache par exemple aux pratiques de l'avortement ou de l'infanticide, on verra que, selon les cultures ou les sociétés, s'y traduisent très différemment les conditions de la reconnaissance comme « personne[6] ». Qu'on s'intéresse encore aux pratiques qui régulent la fin de la vie dans les cas de mort cérébrale, on constatera que s'y définit, en filigrane, ce qu'on pourrait appeler les conditions résiduelles qui désignent le fait qu'on ait affaire à une « personne ». Pour ne reprendre que ce dernier cas, on remarquera, avec l'anthropologue Margaret Lock, qu'« en Amérique du Nord un corps dont la mort cérébrale a été diagnostiquée est biologiquement vivant dans l'esprit de ceux qui travaillent de manière proche avec lui, mais n'est plus une personne, alors qu'au Japon, pour la majorité des gens, y compris les médecins, une telle entité à la fois est vivante et reste une personne, au moins plusieurs jours après que la mort cérébrale a été diagnostiquée. L'identité de l'individu atteint de mort cérébrale

57. *Kishina*
(Tampa, 2002)

58. *Jelani*
(Louisville, 2004)

demeure intacte au Japon, constituée par les liens à la famille, et dès lors la personne reste investie des "droits humains[7]" ». Certes, explique l'anthropologue, les médecins américains sont sensibles à la nature ambiguë des « cadavres vivants », mais ils considèrent néanmoins que ces cadavres sont comme des « coquilles » qui auraient perdu leur âme, et la question du prélèvement d'organes peut d'ailleurs se poser à ce moment-là. Au Japon, en revanche, la perte de la conscience n'équivaut pas à la mort : la personne ne se traduit pas comme une « entité autonome enfermée dans le cerveau ». D'une part, la vie est diffuse dans l'ensemble du corps, et le centre d'où elle émane se situe plutôt dans le thorax, lieu où sont logés les « vrais sentiments » ; d'autre part, comme le soulignait l'anthropologue, l'identité de la personne, au Japon, est constituée par les liens. Le fait que la question du prélèvement d'organes y suscite d'énormes résistances traduit, à la lumière des contrastes, une tout autre définition de la personne, définition d'autant plus intéressante dans ce cadre qu'elle n'équivaut pas à celle de conscience – et encore moins de conscience de soi[8].

Dès lors, si la catégorie de personne désigne bien un universel, cet universel n'existe que s'il est construit ; le fait de proposer à des êtres non humains de devenir des « personnes » s'avère une démarche controversée, toujours circonscrite à des groupes, et qui reste tributaire des pratiques qui font advenir les « personnes ». C'est à cette origine locale et à ces pratiques que nos questions doivent alors être adressées, non plus aux arguments par lesquels un collectif essaie d'en mobiliser d'autres pour modifier des relations avec certains êtres. Ce qu'il s'agit alors de comprendre, si nous voulons retracer cette aventure qui aboutit aujourd'hui à faire entrer les animaux dans l'univers du portrait, ce sont les transformations qui se sont opérées : comment, pratiquement, ceux qui sont à l'origine de ces propositions nouvelles ont-ils eux-mêmes pu être enrôlés par les animaux ? Quelles sont les compétences qui, de part et d'autre, ont été à l'œuvre dans ces transformations ?

Questions de ressemblance

Puisque la question des similitudes est au centre des arguments qui sont généralement avancés, c'est sans doute par elle qu'il convient de commencer. Nombre de chercheurs se réfèrent d'ailleurs à cette explication et décrivent, comme un événement, comme quelque chose qui « leur est arrivé », la découverte et la reconnaissance de ressemblances de plus en plus troublantes qui ont modifié la manière d'entrer en relation avec l'animal. Cependant, cette explication ne suffit pas : la ressemblance, à elle seule, ne garantit rien ; elle n'est pas nécessairement la condition de ce « trouble ». Elle n'engage à rien. Bien au contraire le plus souvent : la recherche de ressemblances avec les animaux a très souvent débouché sur une « dépersonnalisation » des plus radicale. Lorsque Shirley Strum étudie les babouins et en arrive à les désigner comme des *presque humains*[9], quand Jane Goodall affirme que c'est avec une femelle chimpanzé qu'elle a appris à être mère, ou quand Allison Jolly[10] revendique une conscience aux chimpanzés parce que les problèmes qu'ils ont à résoudre dans leur univers relationnel sont les mêmes que les nôtres, s'agit-il de la même chose que lorsqu'un skinnérien, pariant sur la capacité commune aux rats et aux humains à être conditionnés, soumet des cohortes de rats à l'épreuve du labyrinthe ? Il n'est pas besoin d'une analyse pour saisir que, s'il s'agit bien de recherches qui construisent la ressemblance, apparaît une différence qui situe ces pratiques aux antipodes l'une de l'autre. Là où les premières, avec Strum, Goodall, Jolly et bien d'autres encore, vont contribuer à créer une proximité de plus en plus grande entre humains et non-humains, aboutissant à rendre beaucoup plus hésitante la différence entre personnes et non-personnes, les secondes vont, à l'inverse, conduire, en dernier ressort, à renforcer cette différence. Pour s'en convaincre, il suffit de se demander ce que deviennent ces rats quand l'expérience est terminée. Et de rappeler que Shirley Strum a déménagé la troupe de babouins pour les sauver d'une mort certaine ou que Jane Goodall, au plus fort d'une épidémie, a vacciné ses

59. *Shirley*
(Anvers, 2002)
Shirley est photographiée à l'heure de la sieste. Malicieuse, la chimpanzé ouvrait les yeux pour aussitôt les refermer. Le jeu s'est prolongé pendant un long moment. Elle était alors âgée d'environ 24 ans. Shirley est arrivée au zoo d'Anvers en janvier 1984.

59

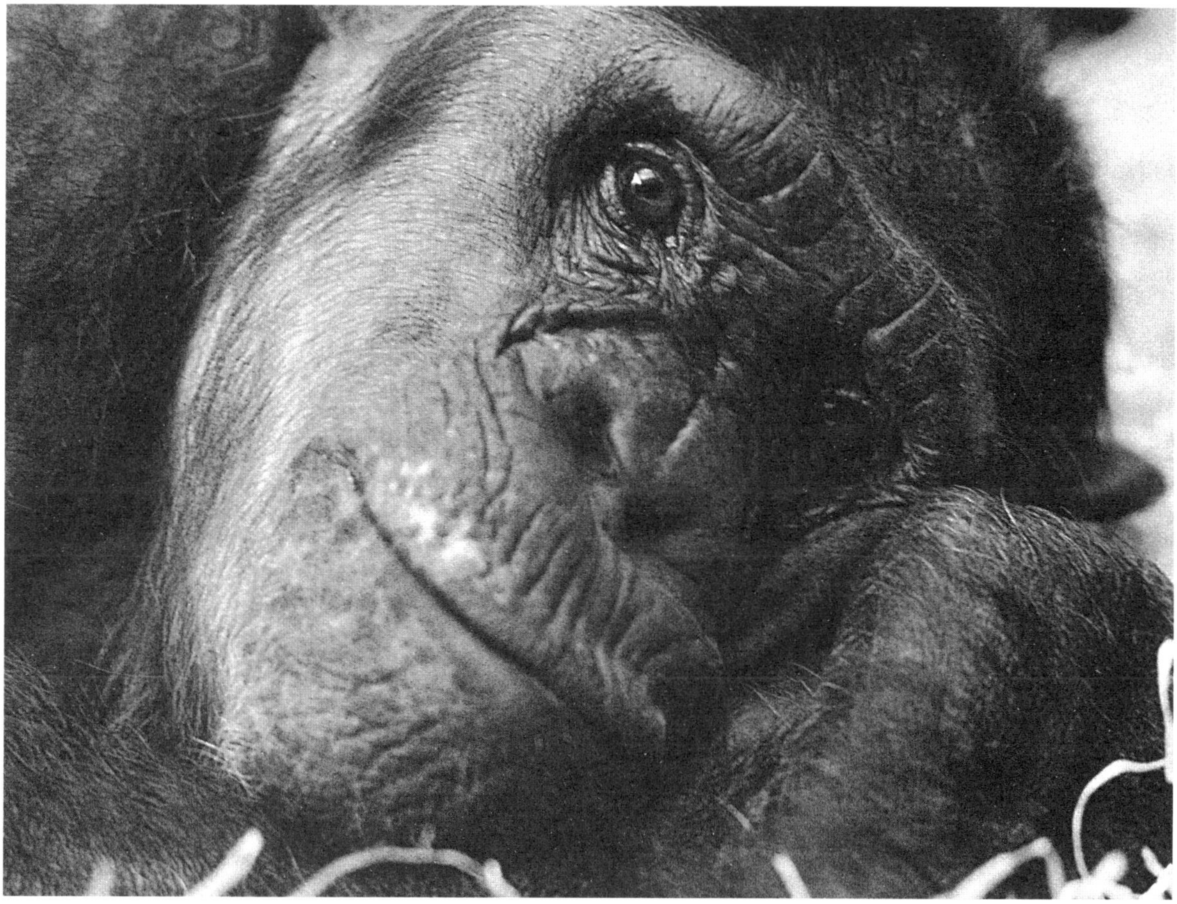

chimpanzés contre la poliomyélite et qu'elle se bat depuis des années pour leur sauvegarde.
On pourra me reprocher de choisir soigneusement mes exemples ; les compétences requises ou reconnues ne sont pas du tout du même ordre dans les deux cas : les premières créent ce qu'on pourrait appeler des intelligences communes, des savoir-faire dont nous pouvons être fiers ; le conditionnement, en revanche, ne me semble pas promouvoir d'intelligence – bien au contraire. Tiendrions-nous là le contraste essentiel entre ces deux types de recherches ?

60. *Astrid*
(Anvers, 2002)
Astrid n'a pas toujours vécu au zoo d'Anvers : elle est venue au monde à Rotterdam, le 30 janvier 1983, et est restée au zoo Blijdorp pendant presque six ans. Son compagnon actuel, Tuan (voir son portrait p. 23 et p. 80-81), est arrivé au zoo d'Anvers cinq ans après elle, en 1994. Astrid est extrêmement calme et douce.
À la manière de ses congénères orangs-outans des forêts indonésiennes qui se couvrent de végétaux, il lui arrive de se recouvrir la tête d'un carré de tissu et de le conserver pendant un moment…

Les choses sont en fait plus compliquées. Il ne s'agit pas simplement de compétences qui honorent ou déshonorent : si l'on prend à témoin le dispositif imaginé par Harry Harlow, lorsque celui-ci ambitionne de démontrer, scientifiquement, que les petits singes privés d'amour développent les mêmes symptômes que les humains, on se rend compte que la différence ne s'articule pas autour du choix des capacités mises à l'épreuve. Car on est bien, avec Harlow, en train de parler d'une compétence qui aurait pu, par excellence, réunir humains et non-humains, une compétence qui aurait pu aboutir à rendre la frontière beaucoup plus hésitante ; on est bien dans une situation qui aurait dû exiger qu'on fasse tout simplement attention, qu'on prenne en compte ce qui était en train d'être démontré. C'est exactement l'inverse qui se produit : plus les petits singes manifestent de désespoir lors de la séparation, témoignant ainsi du fait que l'amour fabrique les êtres, chez les primates humains et non humains, et plus Harlow se sent encouragé à persévérer et à exiger plus de preuves encore, à détruire plus d'êtres et à conclure à davantage de similitudes.
Dès lors, si la recherche de compétences partagées ne peut garantir, dans les pratiques, les transformations dont nous essayons de comprendre comment elles sont advenues, il nous faut envisager une autre voie : comment certains animaux en sont-ils venus à « importer » suffisamment pour certains humains au point que ceux-ci ont commencé à s'adresser à eux comme à des personnes ?

Questions de sensibilité

On pourrait toujours invoquer, dans une perspective proche des travaux du sociologue Norbert Elias, le changement de nos sensibilités. Selon Elias, les transformations de la vie affective en Europe se caractérisent par l'extension d'un contexte qui incite, d'une part, au dégoût et qui diminue, d'autre part, les affects et les comportements agressifs. Dans son livre de 1939, *La Civilisation des mœurs*[11], il s'étonne des différences de sentiments que nous pouvons éprouver, d'une époque à l'autre,

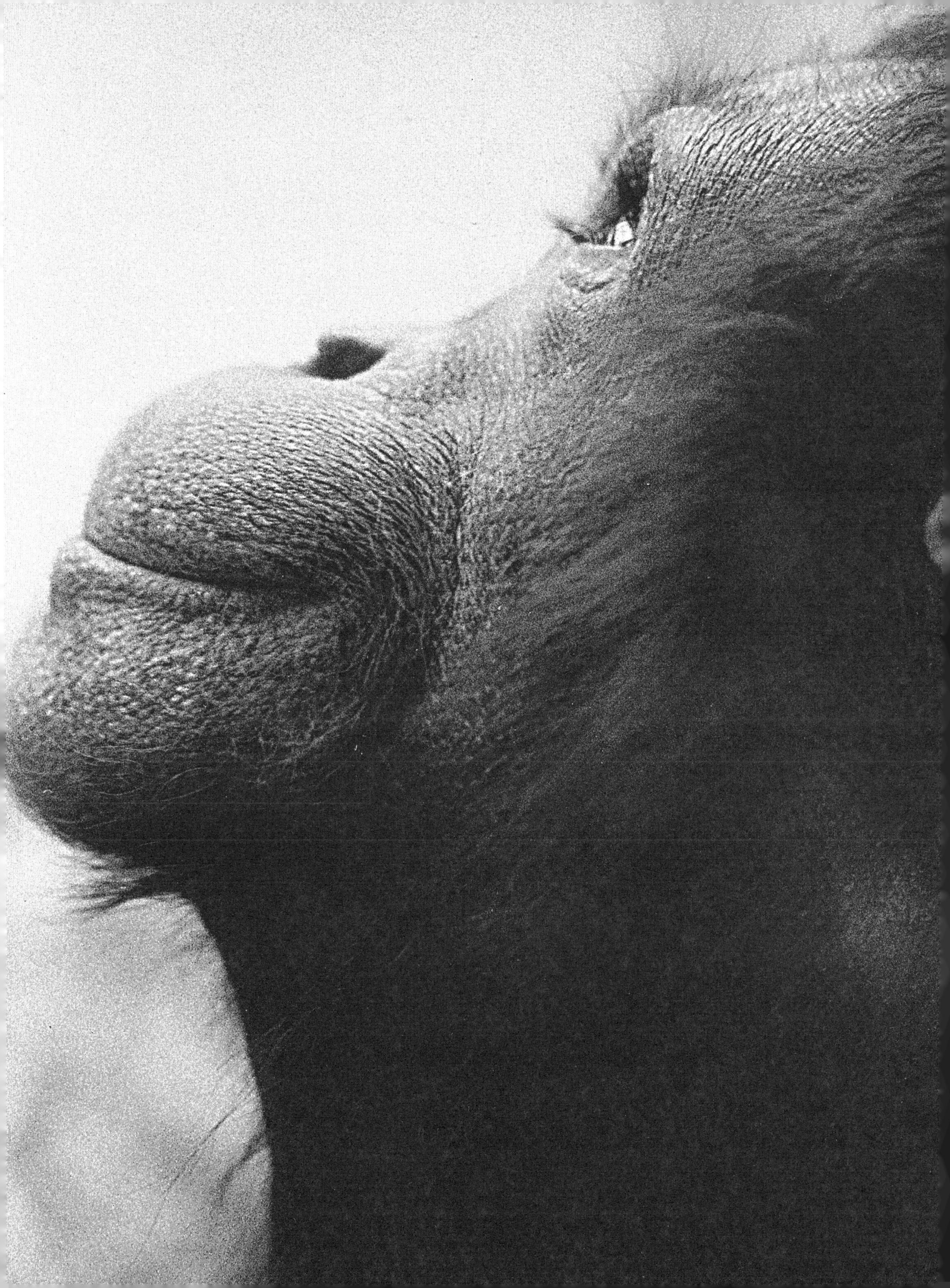

61

62

61. *Maias* (Cologne, 2004) Maias a été capturé en 1967 vers l'âge de 2 ans dans le milieu naturel. Il est arrivé au zoo de Cologne en décembre 1969. Il eut une nombreuse descendance… Trois filles : Nonja (née le 18 juin 1977, aujourd'hui au zoo de Münster), Tana (née le 28 mars 1980, disparue en décembre 1994) et Tjintah (également appelée Bintah, née le 1er mai 1984 et vivant toujours à Cologne), ainsi que deux garçons : Tuan (zoo d'Anvers) et Muda (né le 29 mai 1983 et résidant au zoo de Beauval, en France).

62. *Wattana* (Paris, 2003) Wattana a mis au monde son premier enfant à la fin du mois d'août 2005. Ses soigneurs Christelle Hano et Émilie Gouverneur, veillent chaleureusement au confort de la mère et de l'enfant. La jeune orang-outan leur fait toute confiance.

face à des événements similaires. Ainsi, certaines époques avaient institué comme rituel de jeter des chats dans un bûcher, et ce spectacle pouvait procurer aux spectateurs un plaisir socialement admis ; aujourd'hui, l'idée même de ce spectacle – et *a fortiori* que l'on puisse en éprouver du plaisir – nous révulse.

Selon cette hypothèse, les chercheurs seraient influencés par des contextes de plus en plus « sensibles » à l'égard des animaux, voire de plus en plus permissifs ou tolérants par rapport aux transgressions de la frontière qui sépare les humains et les non-humains. Ils deviendraient eux-mêmes plus sensibles (ou plus tolérants) et donc moins préoccupés d'éviter l'anthropomorphisme. Si cette hypothèse était vraie (ce dont de nombreux éléments de notre histoire récente me font douter), cette explication ne nous serait néanmoins pas d'une grande utilité. D'abord, elle occulte le fait essentiel que, si nos sensibilités ont bel et bien changé, c'est aussi et surtout grâce au travail des scientifiques qui, revenant de leurs terrains avec des propositions nouvelles concernant les animaux, nous ont rendus plus curieux, plus intéressés, plus soucieux à l'égard de ces derniers. Bref, s'il faut parler en termes de transformation de nos sensibilités, celle-ci me semble tenir plus de l'accomplissement que de la cause.

Ensuite, si nos sensibilités ont changé, si nous sommes devenus autrement civilisés, et si les scientifiques se sont sentis autorisés à le devenir, il nous faut rendre compte de *ce* qui a rendu une telle évolution possible : je ferai le pari que les animaux y sont pour quelque chose. Et, si les animaux ont réussi à mobiliser des chercheurs dans une aventure qui leur a conféré une autre identité, celle d'un « devenir-personne autre qu'humaine », c'est donc également à eux que nous devons adresser nos questions. Je ferai ce pari pour une simple raison : c'est en prenant en compte la manière dont les animaux se sont activement engagés dans la relation que certains chercheurs en sont venus à modifier leurs manières de faire. Et c'est là, me semble-t-il, le véritable point de bascule entre les recherches : la possibilité de prendre en compte la

63

manière dont les animaux s'engagent dans la relation, la façon dont ils prennent activement position par rapport aux intentions de leurs chercheurs, et ce que cette prise en compte impose comme exigence à ces derniers.

Reprenons le contraste là où nous l'avions laissé : qu'est-ce qui caractérise le dispositif de Harlow si nous le comparons avec d'autres dans lesquels il semble que les animaux « importent » ?

La différence apparaît d'emblée ; Harlow rend impossible toute proximité, et cette impossibilité n'est pas seulement le résultat de sa recherche, elle en est une condition incontournable : il déconstruit avec un soin maniaque ce qui, chez les petits singes, pourrait mener à les assimiler à des « personnes ». Des expériences de privation, on pourrait d'ailleurs dire, laissant parler son cœur : « On ne ferait cela à personne. » Harlow le fait. « En brisant un lien affectif par la séparation des enfants de leur mère, écrit-il, nous avons eu le sentiment que nous pouvions obtenir des informations importantes concernant non seulement la force du lien affectif, mais aussi la nature et le degré de la dépendance naturelle de l'enfant[12]. »

Connaissez-vous cependant le nom d'un seul des petits singes ayant traversé cette terrible expérience ? Non, bien sûr, et personne ne le peut. Parce qu'ils n'en avaient pas. C'est peut-être là le plus étonnant des paradoxes : ces petits singes ont pu être soumis à ces expériences qui leur demandaient d'être humains justement parce qu'ils étaient des « non-personnes ». Ce qu'on leur demandait, c'était de figurer « n'importe qui ». Un numéro destiné à produire des nombres, sous la forme de statistiques. En devenant « sujets » de laboratoire, ces animaux se

63. *Gino*
(Orlando, 2004)

64. *Tubo*
(Paris, 2003)
La compagne de Tubo est Wattana (voir son portrait, p. 46), la petite-fille de Maias. Elle est également la mère de son premier enfant, né à la fin du mois d'août 2005, à la ménagerie du Jardin des Plantes.

sont trouvés aux antipodes de ce qui constitue une des caractéristiques les plus essentielles de la personne : la singularité, l'identité, l'individualité ou, pour le dire plus nettement, l'irremplaçabilité. N'importe quel « sujet » vaut pour tous les « sujets ». Or, s'il y a bien une question à laquelle répond la personne, c'est justement la question « qui ? ». La notion de sujet, retraduite dans le dispositif expérimental, vide cette question de toute signification.

C'est là que, contre toute attente, ces expériences peuvent nous apprendre quelque chose. Non pas au sujet de l'amour[13] : Bowlby, le spécialiste de l'attachement mère-enfant, dont les théories avaient visiblement influencé l'enthousiasme zélé de Harlow, rendit visite au laboratoire de ce dernier et, après avoir laconiquement constaté qu'il y avait là plus de singes psychopathes qu'on en avait jamais vus à la surface de la Terre, affirma qu'il n'y avait plus grand-chose à apprendre sur les expériences de privation. Mais ces expériences rendent lisible un processus, d'autant plus exemplaire et paradoxal qu'il se déploie dans un dispositif qui se fonde sur l'analogie des liens personnels. Ces expériences nous apprennent comment s'opère l'envers du devenir personne, la « dépersonnalisation ».

64

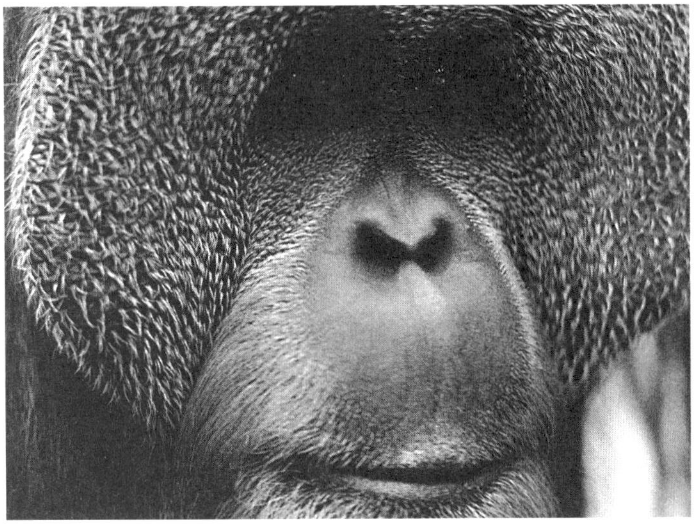

65

Comment on ne devient personne...

Dès lors, avant d'envisager de comprendre comment certains animaux ont pu devenir des quasi-personnes, des « personnes autres qu'humaines » (la terminologie variant selon les auteurs[14]), nous pouvons procéder par la démarche inverse, en retournant cette question et en interrogeant les conditions par lesquelles ils ne le deviennent pas[15]. En d'autres termes, et en jouant sur les possibilités de raccourcis de notre langue, je propose de subordonner la question « comment on devient une personne ? » à la question « comment on ne devient personne[16] ? ».
Les dispositifs qui peuvent témoigner de ce processus abondent – et la ressemblance qu'on pourra leur trouver avec les pratiques de l'élevage intensif, comme pratiques qui « abêtissent », n'aura rien de fortuit[17].
Nous pouvons prendre pour exemple de ce type de dispositif celui qui convoquerait un chien dans une expérience de conditionnement.
Le chien, rappelons-le, n'est pas convoqué pour ce qu'il pourrait nous apprendre de ce dont un chien peut faire l'expérience, pas plus que ne le sont les rats ou les pigeons, qui sont les habituels héros de ce genre d'expérimentations. Le chien est là comme modèle de l'apprentissage, un modèle qui doit valoir pour l'humain. Le dispositif est donc fondé sur une capacité commune entre le chien et l'homme : celle d'apprendre dans des contraintes particulières. Dans cette expérimentation, l'animal est donc généralement soumis à un apprentissage au cours duquel il doit réagir à certains stimuli : une lumière qui s'allume, un son de cloche, un dessin. Lorsqu'il perçoit le stimulus qu'on lui demande de reconnaître ou de discriminer, il est censé présenter la réaction que lui a enseignée son expérimentateur. Il sera, dans les meilleurs cas, récompensé par un peu de nourriture, dans les moins bons, puni par un choc électrique ou toute autre pratique désagréable. À force de répéter le stimulus, l'expérimentateur obtient ce qu'il cherchait : le chien est conditionné, il se comporte à présent comme un jouet mécanique à ressort.
En observant la façon dont le chien est soumis à des contraintes qui ne lui laissent aucune chance, les sociologues Arnold Arluke et Clinton

65, 67. *Teak*
(Louisville, 2004)
Teak est un des quelques singes captifs capables de faire des nœuds. Il sait également tresser des cordes. Plusieurs soigneurs racontent qu'il est parvenu à détourner un système électrique. Jane Franklin, responsable de l'entraînement des animaux au Louisville Zoo, explique que, dans un autre parc zoologique, il a construit un pont, pierre par pierre, et qu'il a ainsi pu s'échapper de son enclos. Malgré la fatigue que ce type de locomotion lui occasionne, il se déplace presque constamment en position bipède et marche avec beaucoup d'assurance…
Son contact prolongé avec le monde des humains a certainement incité Teak à se réapproprier des comportements observés dans son environnement. Cette propension à adopter certaines techniques et pratiques humaines des hommes met en évidence deux caractères essentiels des primates anthropoïdes : la plasticité et la flexibilité.

66. *Segundo*
(Louisville, 2004)
Segundo est né le 12 novembre 1987 au zoo de Brownsville (Gladys Porter Zoo, Texas). Son père, Fu-Manchu, né vers 1959, a été capturé en milieu naturel. Après être passé dans différents zoos, Fu arrive à Brownsville le 12 novembre 1983. Il y est mort en 1992. La mère de Segundo, Susie, née vers 1964, est admise à l'Omaha's Henry Doorly Zoo (Omaha, Nebraska), le 13 octobre 1969, après sa capture dans la nature. Elle est envoyée à Brownsville le 19 juillet 1970. Bien qu'il soit resté presque dix ans au zoo de Brownsville avec ses parents, il semble que Segundo ait été « élevé à la main ». Il sera transféré au zoo de Louisville, le 21 mai 1997.

66

67

68

Sanders ont repris à leur compte cette conclusion sans appel de Vicki Hearne : « Dans la mesure où les béhavioristes font tout pour refuser de reconnaître la capacité du chien d'avoir des intentions, de signifier, de croire, etc., il n'y aura aucun courant d'intentions, de significations ou de croyances qui aura une chance d'advenir. Le chien peut essayer de répondre au béhavioriste ; mais le béhavioriste ne répondra pas à la réponse du chien. [...] Le chien du béhavioriste, conclut Hearne, ne fera pas que sembler stupide ; il sera stupide[18]. »
Qu'Arluke et Sanders en appellent à un dresseur de chiens, et non à un scientifique, pour témoigner n'est pas anodin : Hearne est reconnu pour avoir réussi à faire émerger chez les animaux qu'il dressait tout ce qu'il y avait d'humain. Le fait que cette critique émane d'un dresseur traduit un contraste qui nous intéresse, et que relevait le spécialiste des animaux de cirque et de zoo Henry Hediger : « Le jardin zoologique et le cirque, écrivait-il, sont absolument opposés aux expériences de laboratoire en psychologie animale, en ce qui concerne l'attitude de sympathie de l'homme envers les animaux. Au cours de ces expériences, toute manifestation émotionnelle est soigneusement bannie, alors que ces manifestations émotionnelles jouent un grand rôle au jardin zoologique et au cirque. Il s'ensuit donc que le psychisme de l'animal apparaît sous deux aspects complètement différents dans ces deux cas[19]. »
Interpréter, comme le fait Hediger, la différence des pratiques en termes d'« *apparaître dans des aspects différents* » me semble affaiblir considérablement la portée de ce qu'il propose : il ne s'agit pas d'apparaître sous des aspects différents, il s'agit, comme le souligne Hearne, de devenir un être différent. L'une et l'autre de ces pratiques vont réellement faire exister un être doté ou non d'intentionnalité, un être capable ou non de relations, un être intelligent ou stupide.
Il n'en reste pas moins qu'Hediger met le doigt sur un contraste essentiel : créer un lien fera toute la différence, un lien nous apprendra tout autre chose. L'animal interrogé dans une relation chargée émotionnellement n'a pas du tout la même chose à dire que dans des recherches qui

68. *Huerfanita*
(New York, 2003)

69. *Bella*
(Louisville, 2004)

69

exigent de bannir toute affectivité. N'oublions pas que le plus triste sans doute de cette histoire est que ce que les animaux pouvaient avoir à dire et à nous apprendre dans ces relations émotionnelles a été, pendant longtemps, systématiquement relégué au statut d'anecdote ou à l'anthropomorphisme de ceux qui les interrogeaient[20]. Quant aux autres, ceux qui traversaient les déserts affectifs de l'objectivité, ils se taisaient. Et personne pendant longtemps n'eut l'idée d'essayer de comprendre la signification de ce silence.

Construction de proximités

« Le chien, écrivait Hearne, peut essayer de répondre au béhavioriste ; mais le béhavioriste ne répondra pas à la réponse du chien... »
Finalement, tout dans ce dispositif opère dans le sens de la dépersonnalisation, *tant pour l'animal que pour l'humain*, devenus tous deux incapables de se « répondre », de constituer un espace commun de désirs, d'attentes et de significations – ce qu'on appelle l'intersubjectivité.
Cette construction de l'intersubjectivité, qui se subordonne à la construction de la proximité – faire de l'autre un « proche », un « autre comme soi » –, fait pourtant partie du répertoire habituel des humains.
Selon Hediger, cette tendance constitue l'un des aspects essentiels dans les relations homme-animal : les humains perçoivent l'animal comme s'il était humain et se comportent avec lui comme tel. Mais cette flexibilité particulière dans l'attribution des identités, que Hediger appelle tendance à l'assimilation, se retrouve aussi chez les animaux ; c'est d'ailleurs, explique l'auteur, « un trait caractéristique commun aux hommes et aux animaux [que] de considérer les êtres d'espèces différentes avec qui ils ont des rapports familiers comme faisant partie de la même espèce[21] ».
Si la ressemblance morphologique et celle des systèmes de communication constituent des facteurs favorisant l'assimilation, Hediger insiste cependant sur une condition essentielle : l'assimilation aura d'autant plus de chances d'advenir que les relations seront intimes.
Ce que l'auteur décrit s'articule dès lors à la double signification que nous pouvons donner au terme « proche », qui peut désigner tout autant une relation de similarité ou d'appartenance commune que l'intimité de cette relation. Cette double signification nous rappelle qu'une véritable proximité ne se donne pas d'emblée, mais se construit : le rhésus

de Harlow nous est semblable à certains égards, mais pas proche. Les similitudes, qui constituent l'enjeu de la recherche, sont données *a priori*, mais n'engagent à rien. En revanche, les chimpanzés de Goodall sont devenus de plus en plus proches au sens de similaires parce qu'ils l'étaient de plus en plus au sens affectif. Et sans doute la réciproque est-elle vraie. Mais cette possibilité de proximité, tributaire de liens, n'est elle-même rendue possible que parce que Goodall reconnaît chacun de ceux à qui elle adresse ses questions, parce qu'elle fait l'expérience de liens personnels avec eux, parce qu'ils sont devenus des êtres uniques.

Cela nous mène à une seconde condition du devenir « personne », que nous avons déjà évoquée, par contraste, en observant le « devenir sujet » des dispositifs expérimentaux. Il ne suffit pas, pour « devenir personne », de devenir semblable à l'humain : il faut devenir différent des autres, devenir un être de relations personnelles.

La pratique de la primatologie s'est avérée à cet égard un terrain privilégié pour ce type de transformations ; cela rend d'ailleurs partiellement compte du fait que les primates aient pu être considérés comme les candidats les plus prometteurs à la révision de leur statut. Si la ressemblance, d'une part, facilite grandement la construction de proximité, les techniques d'habituation, d'autre part, font de ce type de recherches une pratique de cohabitation longue – la familiarité dont parlait Hediger –, voire de rencontres et de partages qui vont concourir à cette construction[22].

Et les autres ?

En toute logique, et au vu de ce que j'ai décrit de l'ethos qu'ils proposent aux animaux, on devrait attendre des laboratoires qu'ils soient complètement indisponibles à ces transformations, d'autant plus qu'ils interrogent des animaux plus éloignés de nous. Or il semble que, là aussi, les choses commencent à changer : au cours de ces dernières années, on a pu assister à ce qu'on pourrait appeler une transformation

70. *Mukisi, dit Mac* (Anvers, 1996)
Né en République démocratique du Congo vers 1957, Mukisi est décédé le 17 décembre 2000, au zoo d'Anvers. Il y avait été transféré en 1985, après un long séjour à Chester (Angleterre).
Les gorilles ont souvent été représentés avec des traits agressifs. Le portrait de Mukisi semble mettre en évidence ce caractère, accentué par la crête que les mâles « dos argenté » ont sur la tête. En réalité, il s'agit ici d'un trait tout à fait individuel : Mukisi avait très souvent cet air un peu fâché, cependant rare chez les gorilles, qui sont des primates généralement paisibles. Confirmant ce que son visage laissait deviner, Mac faisait ponctuellement des tentatives d'intimidation contre sa compagne, Victoria (voir son portrait p. 14).
La femelle gorille ne s'aventurait donc jamais dans son enclos sans surveiller, du coin de l'œil, ce compagnon un peu sombre.

71. *Makoua* (Stuttgart, 2004)
Makoua vit à la nurserie du zoo Wilhelma de Stuttgart (Allemagne) depuis le 14 octobre 2004. Elle est née le 11 juin 2004 au zoo de Berlin, de Derrik (né en 1980 et « élevé à la main » au zoo de Francfort puis transféré à Berlin vers l'âge de 10 ans), et d'Effie, née en mars 1993 au zoo de Copenhague et arrivée à Berlin en 1999.

dans l'éthologie de quelques scientifiques. Certains animaux, dont des corbeaux, des ours, des loups, mais aussi des rats, ont réussi à mobiliser leurs scientifiques dans de tout autres relations : des relations, pour le dire vite, *beaucoup plus personnelles*.

71

On pourra ici s'étonner de mon choix : je m'engage à raconter une aventure, dont je précise qu'elle n'arrive qu'à certains animaux, notamment les primates et les dauphins. Pourquoi ne pas m'en tenir à ce qui leur est arrivé ? Ma proposition, je le rappelle, était d'accompagner une histoire qui est en train de nous arriver, une histoire qui n'est pas encore stabilisée, et d'essayer de la comprendre. Pour ce faire, j'ai choisi d'explorer, dans les pratiques scientifiques, ce qui pouvait favoriser ou radicalement compromettre le « devenir personne » d'êtres autres qu'humains. D'une certaine manière, ma question anticipe l'aboutissement de cette aventure : qu'est-ce qui nous permettra de comprendre, plus tard, si cela nous arrive, que certains animaux soient devenus des personnes ? Et qu'est-ce qui permettra d'expliquer que d'autres n'ont pas pu poser leur candidature ?
Il s'agit pour moi de prendre au sérieux le fait que cette histoire nous est totalement contemporaine ; il ne s'agit pas de la raconter comme si elle était révolue[23], mais d'en diagnostiquer les devenirs, c'est-à-dire de participer à leur accomplissement : c'est ce que j'appelle accompagner une histoire. D'une certaine manière, les portraits de Chris Herzfeld sont déjà eux-mêmes une forme de ce diagnostic, puisqu'ils sont tout à la fois produits et vecteurs de changements ; ils en témoignent tout en leur donnant une chance. Ils m'engagent à prolonger son geste.
Accompagner une histoire, cela signifie aussi devancer les réussites en rendant lisibles, dans le désordre du présent qui fourmille d'événements – dont on ne peut savoir à l'avance ceux qui seront retenus pour s'actualiser –, ceux qui semblent prometteurs.
C'est pourquoi je vais me tourner plutôt vers les chercheurs et les animaux qui ne participent à cette histoire que depuis les coulisses,

72

qui ne peuvent témoigner que de petites réussites locales et difficilement généralisables, mais qui présentent l'immense intérêt de *faire advenir l'improbable*. Car, si l'on pose la question du « devenir personne » pour les animaux, on apprendra sans doute beaucoup plus de ce qui constitue ce devenir pour des non-humains, de ce qu'il exige de nous et de ce qu'il requiert d'eux, si l'on interroge ceux que rien, en apparence, ne prédestinait à cette histoire, ceux qui ne font pas partie des « espèces charismatiques », ceux auxquels ce type de question ne semblait jamais devoir être adressée. En d'autres termes, puisqu'il s'agit de suivre des chemins d'apprentissage[24], c'est à ceux qui semblent encore moins favorisés d'avance que je propose de m'intéresser. Pour cela, il nous faut choisir un fil, qui nous permettra de passer de l'un à l'autre de ces chemins. Ce fil, nous lui donnerons le nom d'« origine de ces changements », tout en sachant qu'il s'agit là d'une fiction, d'une tentative de traduire et de faire conspirer de multiples histoires hétérogènes en une histoire commune. À l'origine des changements, donc, un événement, rare, mais suffisamment répété pour que je puisse le considérer comme celui qui a créé, dans les laboratoires, la possibilité de *relations beaucoup plus personnelles* : des animaux ont commencé à manifester le fait qu'ils s'intéressaient aux différences individuelles des chercheurs. Vous me direz que, s'ils y étaient attentifs, ils l'étaient probablement depuis pas mal de temps[25]. Il me faut alors le traduire autrement : les chercheurs se sont intéressés aux différences individuelles de leurs animaux quand ils se sont rendu compte que *leurs animaux prenaient activement en compte leurs différences individuelles !* Les rats, par exemple, peuvent présenter des performances, voire des réactions immunitaires très différentes selon le lien établi avec le chercheur[26],

72. *Gino*
(Orlando, 2004)

ils peuvent manifester des préférences pour tel ou tel expérimentateur, chercher son contact et se comporter différemment en sa présence.
Les rats, pour reprendre des termes proches de ceux de Vicky Hearne, avaient enfin gagné le « droit de réponse » : « Ils n'agissent pas de même avec certains d'entre nous », « ils sont différents en fonction de celui qui les interroge ! ».
Signalons toutefois que les chercheurs étaient depuis longtemps conscients de leur influence sur les animaux. Mais il est important de rappeler que, quand tel ou tel chercheur obtenait des résultats différents parce qu'il se comportait différemment avec les animaux, on *considérait cela comme un biais de méthode*, un parasite qu'il fallait éradiquer, et non comme une question liée à l'individualité des animaux ou des relations. Qu'on se souvienne ici de la fameuse expérience de Rosenthal avec les rats, elle ne témoigne pas d'autre chose : Rosenthal avait fait croire à ses étudiants qu'ils devaient tester des rats pour évaluer leurs compétences dans des épreuves de type béhavioriste, des parcours de labyrinthe. Il avait donc distribué les rats, mais en annonçant à l'avance – c'est important – à chacun des étudiants s'il avait affaire à un rat intelligent ou idiot – ces rats étaient, leur a-t-il expliqué, sélectionnés lors d'une expérience précédente, qui permettait de prédire leurs compétences[27]. De fait, à l'issue des travaux des étudiants, les rats prétendument doués ont obtenu de meilleurs résultats que les autres, alors qu'ils avaient été distribués de manière aléatoire et, bien sûr, sans jamais avoir été testés. Comment expliquer que ces rats aient pu si bien répondre aux attentes des étudiants ? Selon Rosenthal, ces derniers ont noué des relations affectives différentes avec leur rat, en fonction des résultats qu'ils anticipaient, ce qui a eu un impact sur ces derniers : avec les rats « intelligents », ils se sont montrés plus affectueux, plus attentifs, les ont caressés plus souvent, manipulés avec plus de soin... Les autres n'ont pas eu droit à tant d'égards. L'expérience était prometteuse et aurait pu aboutir à des conclusions intéressantes : une relation attentive, voire affective améliore les performances.

73. *Nénette*
(Paris, 2003)
Nénette est arrivée à la ménagerie du Jardin des Plantes (Muséum national d'histoire naturelle) le 16 juin 1972. Elle était à peine âgée de 4 ans. Gérard Dousseau, aujourd'hui chef-soigneur, a peu à peu réussi à établir une relation de confiance avec elle, relation qu'ils partagent depuis plus de trente ans.

74. *Dee Dee*
(Tampa, 2003)
Dee Dee est née le 8 janvier 1980. Bénéficiant de la végétation tropicale floridienne, elle dispose de palmiers dans son enclos. Elle peut ainsi en utiliser les feuilles qu'elle découpe en longues lanières pour ensuite les nouer soit de manière simple, soit autour d'un autre élément, par exemple un morceau d'écorce. Son soigneur, Lorin Milk (Lowry Park Zoo, Tampa, Floride), a également conservé un objet étrange réalisé par Dee Dee : une botte de longues herbes nouées, à distance régulière, par trois liens de tissu qu'elle avait elle-même fabriqués en déchirant un tee-shirt donné par ses gardiens.

Or il ne s'agissait pas du tout, pour Rosenthal, de célébrer des différences individuelles, voire la capacité des chercheurs à rendre les animaux plus compétents, il s'agissait bien plutôt de dénoncer ce qu'il appelle des biais à la recherche et de veiller à leur éradication. Ce qui le mène d'ailleurs à proposer de remplacer les chercheurs par des automates.
Le fait que les chercheurs puissent influencer différemment leurs animaux était donc bien connu, mais était considéré comme un vice de la méthode. Ce que je décris comme un événement doit alors se traduire de manière plus précise : c'est la signification qu'on lui a attribuée qui a changé ! En effet, jusqu'alors, il n'était pas question de traduire ces différences individuelles en invoquant le fait que les rats puissent être sensibles à l'individualité des chercheurs. La notion de réaction, qui est centrale dans ce type de dispositif, barre d'ailleurs la route à cette possibilité : un rat vaut pour tous les rats, tout ce qu'on pouvait en dire, c'est qu'il y avait des « réactions » différentes, des variables clandestines en quelque sorte, ou, à la rigueur, qu'on n'arrivait pas à rendre les rats indifférents à ce à quoi il aurait mieux valu qu'ils le soient[28]. Dès lors, la véritable modification éthologique des chercheurs a consisté à retraduire une « réaction » en compétence, et en une compétence à laquelle il fallait s'intéresser : « Ils sont sensibles à nos différences individuelles. » L'événement doit alors se lire comme la possibilité, pour les scientifiques, de prendre activement en compte la compétence des rats à montrer des préférences, et à prendre position par rapport à ce qui leur est demandé et à la manière dont ils sont interrogés : « Le fait que ce soit tel ou tel chercheur n'est pas indifférent pour nous », auraient pu dire les rats s'ils avaient utilisé des mots humains. Ce qui, au niveau même de la méthode, une fois qu'on remplace la notion de « réaction » par celle de « réponse », impose de renoncer à ce qui caractérisait grand nombre de ces recherches : « Il sera désormais difficile d'universaliser nos réponses, auraient pu continuer les rats, car nous répondons à "quelqu'un" et non à un dis-

73

74

positif abstrait. » Certes, les rats n'ont pas parlé ; mais certains chercheurs ont pu traduire ce que ces rats s'évertuaient à leur rappeler lorsqu'ils faisaient échouer les expériences les plus prometteuses à grands coups de résultats divergents.
Certains de ces chercheurs vont dès lors aboutir à cette conclusion : ce que nous étudions, ce sont des liens. « Ce sont, en dernier ressort, les relations entre un observateur et un observé qui constituent les données scientifiques[29]. » Les animaux ne cessent, en concluent ces scientifiques, de nous dire ce qu'ils pensent de nous.
« Du fait que de plus en plus de chercheurs en sont venus à traiter leurs sujets comme quelque chose de plus qu'un simple moyen de recherche s'est développé un intérêt pour la nature de ces animaux et pour la manière dont ils perçoivent les sujets humains, et ce même si ces interactions ne font pas partie du répertoire évolutif de l'espèce[30]. »

Là où naît la personnalité

Le fait de donner cette origine à l'histoire nous mène à découvrir une autre condition du « devenir personne » pour un être autre qu'humain. La première condition, je le rappelle, était ce qu'on pourrait appeler une extension locale de l'universalité : parce qu'il est ressemblant et proche, tel animal se voit coopté dans une catégorie dont les êtres peuvent prétendre à des compétences qui en font des personnes. On a vu qu'elle était insuffisante. La deuxième condition était celle de la singularité : l'expérience de Harlow nous le montrait par contraste, on ne peut devenir personne sans être perçu comme particulier, irremplaçable. Nous voyons que cette deuxième condition se subordonne à une troisième : il ne s'agit pas seulement, pour l'animal, d'être perçu comme un individu unique, mais aussi d'être capable de s'engager dans des relations qui confèrent, cette fois à l'autre, le statut d'être différencié. Certes, cette troisième condition n'est probablement pas toujours à l'œuvre, bien que nous lui accordions une certaine importance : il suffit de constater le nombre incroyable de recherches qui se sont intéressées à montrer que les petits humains étaient capables de reconnaître l'odeur ou la voix de leur mère dès les premières heures après la naissance. Que nous lui accordions de l'importance ne signifie cependant pas que nous considérons que cette compétence est une exigence incontournable pour les humains. Toujours est-il que cette capacité de manifester des préférences relationnelles me semble avoir joué, dans de nombreux cas, un rôle non négligeable dans les relations avec les chercheurs. Comment comprendre la réussite de Goodall, si ce n'est en créditant les chimpanzés de l'avoir reconnue comme une personne unique, avec laquelle ils pouvaient établir des relations privilégiées ? Comment comprendre les différences de performances des animaux d'expérience en fonction de qui s'adresse à eux, si ce n'est en invoquant ce que les interactionnistes nomment si joliment leur capacité de manifester, dans certains cas, une « préférence pour l'accord » ? Comment, par contraste, expliquer que les singes « parlants » des laboratoires voient leurs

75. *Ndowe*
(Stuttgart, 2004)
Jardins zoologique et botanique Wilhelma.

75

76

compétences se dégrader lorsqu'ils doivent travailler avec quelqu'un d'autre que l'expérimentateur avec lequel ils ont noué des relations privilégiées ? Ce qui avait mené à la conclusion de biais méthodologiques (ou d'effets d'indice) ne devrait-il pas être réinterprété comme le fait que ces chimpanzés n'ont peut-être simplement pas envie de jouer le jeu, voire tout simplement de parler, avec n'importe qui ?

Prendre au sérieux leur capacité à montrer que leurs chercheurs n'étaient pas, pour eux, des « quiconque », substituables, non individualisés, n'est pas sans conséquence. D'une part, cette compétence inscrit le « devenir personne » dans un régime qui n'est plus celui de la simple attribution. On le sait, ce régime de l'attribution est fragile face aux accusations d'anthropomorphisme, « c'est le chercheur qui projette sur son animal des qualités humaines qu'il croit percevoir ». Le fait de lier la reconnaissance de l'individualité de l'animal à la capacité de ce dernier à reconnaître son chercheur comme un humain différent des autres inscrit la relation dans le régime, beaucoup plus indéterminé, de l'incitation réciproque. Il y a un « devenir personne » à deux ; et tous deux, chercheur et animal, s'accordent (dans) ce devenir. C'est parce qu'il y a lien que ce devenir est possible – avant lui, le chercheur, comme l'animal, était un quiconque pour l'autre. Ce qui signifie alors que la question de la personne se subordonne à celle du lien : ce sont les liens personnels qui créent les personnes. Nous retrouvons ici une superbe intuition de Lorenz, retraçant, mais au niveau intraspécifique, et dans le contexte de la théorie de l'agression, l'histoire de l'émergence de la personnalité.

77

76. *Wattana* (Paris, 2003) Ménagerie du Jardin des Plantes.

77. *Tubo* (Paris, 2003) Ménagerie du Jardin des Plantes.

« Partout où s'observent ces rites d'apaisement nouvellement réorientés, le cérémonial est lié à l'individualité des participants. L'agressivité d'un individu déterminé est détournée d'un autre individu aussi déterminé que le premier, tandis qu'aucun frein n'est mis à la décharge de cette hostilité sur tous les autres congénères anonymes. Ainsi naît la distinction entre l'ami et l'étranger, et apparaît pour la première fois le lien personnel entre deux individus. À l'objection que les animaux ne sont pas des personnes, je répondrai que la personnalité commence précisément là où, de deux individus, chacun joue dans le monde de l'autre un rôle qui ne peut pas être assumé facilement par aucun autre congénère. Autrement dit, la personnalité commence là où naît, pour la première fois, l'amitié personnelle[31]. »

Les recherches qui ne se sont plus soumises à l'exigence du détachement et de l'évitement des relations ont chacune à sa manière, réinventé cette aventure. Les témoignages sont trop nombreux pour être cités. « Chaque loup est unique, écrit Fentress ; certains sont "timides", d'autres "téméraires". Certains sont "gentils", d'autres "rudes". Certains apparaissent plus "sages" que d'autres. [...] Chaque relation de cette étude au cours de laquelle nous avons élevé des loups devient, elle aussi dès lors, unique. Nous n'avons pas trouvé de règles simples et universelles[32]. » Les mêmes termes se retrouveront pour les ourses Kit et Kate de Gordon Burghart, et ce plus particulièrement quand elles apprendront aux chercheurs que leurs liens sont largement réciproques, et les attachements différenciés. Chacune manifestera une attention privilégiée à une personne de l'équipe, Kate envers Cheryl Pruitt, Kit envers Ellis Bain. Elles sont « prudentes » lorsqu'elles jouent avec leur chercheur « favori », elles manifestent de la confiance et, treize ans après la séparation, Kate, confiée à un zoo de Pennsylvanie, reconnaît Cheryl venue lui rendre visite[33]. On lira encore ces termes à propos des chimpanzés de Sarah Boysen : Sarah, Darell, Kermit, Sheba et Bobby, « tous des animaux individuels avec leur nom, leur unique personnalité, leurs idiosyncrasies et ce qui pourrait être défini comme leurs opinions[34] ».

78. *Smokey*
(Tampa, 2004)

Personnalité animale et personnalité humaine ici s'agencent et s'interdéfinissent : « Et même le rôle d'ami ne peut être accompli par juste n'importe quel humain. Certaines qualités de la personnalité humaine peuvent être importantes pour travailler avec des chimpanzés. [...] Quels que puissent être ces traits, ces talents ou ces tendances, ils sont rares chez les humains, ce que reflète le fait qu'il y ait si peu de laboratoires dans lesquels des situations d'apprentissage humains-chimpanzés adviennent[35]. »
Dès lors, et au sein d'histoires chaque fois singulières, la possibilité d'un lien personnel va, dans certains laboratoires, orienter dans une direction inédite les relations du chercheur envers ses animaux. Certains terrains vont eux aussi traverser cette transformation. Le contraste entre les premières recherches de Bernd Heinrich sur les corbeaux et ses travaux ultérieurs est exemplaire à ce sujet. Lorsque Heinrich entreprend l'étude de ses corbeaux, il les étudie comme un groupe puisqu'il s'intéresse d'abord aux mécanismes de la socialité. Ses questions portent principalement sur la compréhension de l'organisation des groupes en fonction des conditions environnementales, et plus particulièrement de la répartition des ressources. Ces corbeaux, précise-t-il, sont extrêmement craintifs, et c'est une gageure quotidienne de s'en approcher sans être repéré. Hélas, la recherche avance, et les mécanismes de la socialité restent aussi obscurs qu'au premier jour. Heinrich arrive à la conclusion suivante : les corbeaux exigent, pour être compris, d'être identifiés, parce que, pour eux-mêmes, il est important de savoir qui est qui. La chance se présente à lui lorsqu'il recueille un corbeau affaibli et se met en devoir de le soigner. La surprise est totale : alors que les corbeaux ne laissent généralement pas les humains s'approcher d'eux, l'animal recueilli semble trouver la situation tout à fait « normale » et vient, après deux heures d'apprivoisement, manger dans la main du chercheur. « Maintenant que *tout* est soudainement nouveau, l'oiseau agit comme si rien n'était en dehors de l'ordinaire.
Je ne sais pas comment il perçoit le monde.
Je peux seulement deviner que ce qu'il voit n'est pas comme un absolu, mais

79

comme des écarts par rapport à ce qui est accepté. Quand *tout* est différent, alors les comparaisons cessent, et presque tout peut être accepté. *En y pensant, n'est-ce pas la façon dont les humains perçoivent le monde*[36] *?* »
Cette simple phrase nous en dit long sur la proximité qui est en train de se construire : il ne s'agit pas de créer des analogies rapides, mais de repérer, dans toutes les différences, ce qui pourrait apparaître comme une manière commune d'appréhender les événements. En baguant l'oiseau avant de le relâcher, Heinrich amorce le nouveau programme : il faut reconnaître les corbeaux, et même en apprivoiser, pour apprendre, dans l'intimité du contact, ce qui compte pour eux ; gagner la confiance pour ouvrir d'autres questions. Cette occasion, explique Heinrich, « se produit quand la personne proche de l'oiseau lui donne confiance, *a gagné* une confiance qui n'est pas accordée à la légère[37] ». Cette confiance, continue Heinrich, nous donne accès à quantité de choses qui autrement nous seraient restées inaccessibles. Théo, Thor, Ralph, Ro et Rave apprendront à l'auteur que les corbeaux développent leur personnalité au cours des premiers mois : Ralph sera le plus aventureux et le plus curieux ; il sera aussi celui qui s'attachera le plus au chercheur. Il deviendra bientôt le dominant et montrera que la hiérarchie s'organise en fonction de la bravoure de chacun. Ceux qui vont se nourrir les premiers alors que les autres hésitent gagnent en quelque sorte un droit tacite de préséance, sans qu'il y ait conflit autour de ce droit. La notion de « bravoure » que choisira Heinrich pour désigner ce qui importe chez les corbeaux vient compliquer les schèmes habituels qui rendent compte de l'organisation de la hiérarchie. Ce qui compte,

79. *Wattana*
(Paris, 2003)
La ménagerie du Jardin des Plantes compte parmi ses pensionnaires orangs-outans une des meilleures « expertes du nœud » connues à ce jour. En effet, Wattana s'est révélée très habile dans le nouage de ficelles ou de divers éléments tels papier, tuyau d'arrosage ou corde. Elle est capable de faire des nœuds simples ou doubles, voire des nœuds extrêmement complexes avec plusieurs passages ou avec assemblage de différents matériaux. Les spécialistes des primates anthropoïdes ont longtemps cru qu'il leur était impossible d'apprendre à faire un nœud. Wattana démontre que, bien au contraire, certains singes très proches des humains peuvent utiliser des techniques de nouage et même y prendre goût…

80. *Chipita*
(Stuttgart, 2004)
La bonobo Chipita est née en milieu naturel vers 1993. Elle a été « confisquée » au Portugal en 1996. Elle vit au zoo Wilhelma de Stuttgart depuis le 7 janvier 1997.

pour les corbeaux, exige visiblement des explications beaucoup plus sophistiquées que celles de la simple organisation dominant-dominé.
L'expérience d'Heinrich sera une réussite ; elle l'encouragera à baguer les corbeaux qu'il observe en liberté. Les histoires changent à partir de ce moment : l'enquêteur est devenu biographe. Alors qu'il s'efforce d'établir une statistique de leur dispersion en accrochant une balise émettrice à certains des plus jeunes corbeaux, Heinrich découvre que nombre d'entre eux ont été tués : « Les statistiques que je connaissais si bien avaient pris une autre signification. C'étaient "mes" corbeaux, amis ou voisins, qui avaient été tués[38]. »
De cette transformation, je retrouve encore un indice lorsque je compare les premiers écrits de l'auteur avec ceux qui décrivent la fin de la recherche: dans les premiers, il relate les anecdotes des chasseurs et des trappeurs, concernant la merveilleuse intelligence des corbeaux, en les reléguant, avec une ironie peu courtoise, au rang de frasques de l'imagination, et en leur proposant une interprétation nettement moins généreuse. La fin de sa recherche, publiée dans un livre écrit quelques années après, signe une véritable conversion : « Dans la plupart des histoires d'animaux, explique-t-il, vous pouvez jeter 90 % de ce qu'on raconte comme autant d'exagérations ; avec les corbeaux, c'est l'inverse, quelle que soit l'étrangeté de l'histoire, vous avez une chance qu'un corbeau ait

80

vraiment fait ce qu'on vous décrit. *Tout cela,* conclut-il, *parce que les corbeaux sont des individus. Les fourmis ne le sont pas*[39]. »

Les conclusions des sociologues Arluke et Sanders, à l'issue de leur recherche sur les rapports homme-animal, pourraient résumer ce que nous racontent tous ces exemples : tous ceux qui travaillent en intimité avec l'animal vont les décrire comme intelligents, sensibles, créatifs, complexes, surprenants, émotionnels, personnels.

Tous ces témoignages convergent : les liens sont vecteurs de personnalité. Devenir une personne est finalement de l'ordre de la promesse et du malentendu : de la promesse puisqu'il s'agit chaque fois d'un accomplissement, du malentendu, dans un sens un peu détourné de celui que propose le pédopsychiatre Daniel Stern, puisqu'il s'agit de traiter l'autre « comme s'il était une personne » et de se laisser tous deux convertir par le jeu. Il y a malentendu prometteur lorsque le fait de s'adresser à l'autre sur un mode qui lui prête une identité et de proposer à l'autre d'occuper le site relationnel des personnes permet de le faire exister sur ce mode. Et ce malentendu fonctionne comme les promesses: elles peuvent toujours ne pas être tenues.

Il suffit de s'adresser à la « mauvaise personne », animale ou humaine. M'adresser à une fourmi comme à une personne ne rencontrera que son indifférence. Quant au chien du béhavioriste, il a beau répondre à l'humain qui l'interroge, il n'y a personne pour lui répondre. Et, de fait, le scientifique ne se comporte pas comme devrait le faire une personne ; il ne l'est sans doute pas à ce moment. La personne est au vestiaire; reste l'homme invisible dans un grand tablier blanc.

Extensions

Bien sûr, on pourra me dire que tout ce que je décris ici comme une aventure relativement inédite n'a rien de neuf : j'aurais pu retrouver des témoignages très semblables en interrogeant les propriétaires de chiens, de chats ou d'autres animaux familiers. Mais ces témoignages, justement, ont longtemps été relégués au rayon des anecdotes,

d'histoires profanes aux accents vraiment trop anthropomorphiques. De plus, ils ne concernaient que les quelques animaux admis dans l'intimité des humains.
Or ce à quoi nous assistons se traduit par une double extension : extension dans le champ des espèces, puisque d'autres animaux sont à présent à même de mobiliser des humains pour de nouvelles relations ; extension dans le champ du collectif, puisque ces relations peuvent à présent déborder du cadre des relations privées, et devenir objet d'intérêt collectif par la médiation des scientifiques. Un troisième mode d'extension apparaît à la lecture de ce qui précède : cette aventure me semble d'autant plus intéressante qu'elle n'affecte pas seulement les animaux. Elle s'étend aux humains et à leurs pratiques scientifiques pour les transformer. Dans les quelques témoignages que j'ai reproduits, les indices en sont exemplaires : « Nous n'avons pas trouvé de règle simple et universelle », écrit Fentress. Heinrich dit la même chose de ses corbeaux : « Ils éprouvent un malin plaisir à détruire toutes mes généralisations. » Ceux qui ont travaillé avec les ours racontent des événements similaires : nous ne pouvons faire de généralisation, leurs comportements sont trop particuliers, trop personnels ; nous sommes contraints, tant pour mener notre recherche que pour présenter nos résultats, de les soumettre comme des « études de cas[40] ». On ne peut mieux remettre en cause l'exigence à laquelle se subordonnait justement la « dépersonnalisation » : celle de l'universalisation.
Ce qui signifie que l'éthologie et la psychologie animale en arrivent, çà et là aujourd'hui, à imaginer leur pratique tout autrement ; à renoncer à une science qui recherche, chez l'animal, des invariants commodes, des règles immuables, des généralisations sur la notion d'espèce. Elles en viennent à assumer, je cite encore Fentress, que toute recherche est une recherche sur des relations entre un scientifique et celui qu'il interroge. Ce qui signifie aussi que les chercheurs commencent à aborder les questions les plus intéressantes et les plus fécondes : comment celui que j'interroge peut-il prendre position par rapport à la

81. *Astrid*
(Anvers, 2002)

pertinence de ma question ? Les petits singes de Harlow auraient sans doute eu beaucoup de choses à dire, s'il s'était seulement préoccupé de savoir, comme l'a fait Sarah Boysen avec ses chimpanzés, s'ils avaient une opinion.

Si toute recherche s'avère inséparable de la question des relations, de nouveaux champs semblent s'ouvrir : pourquoi ne pas imaginer une psychologie des relations interspécifiques ? Ce que suggère Sarah Boysen lorsqu'elle constate que tous les humains ne se valent pas du point de vue de leur relation avec les chimpanzés, et qui avait déjà été souligné par Hediger, souhaitant, pour la psychologie, qu'elle se penche sur la manière dont les animaux perçoivent les humains[41].

Reste bien sûr une difficulté, que j'ai jusqu'à présent tenue à l'écart. Les termes « unique », « personnalité », « opinion », « ami » qui émaillent les descriptions des scientifiques suffisent-ils pour affirmer que nous avons bien affaire à des personnes non humaines ? D'abord, on le remarquera, tous ces animaux que j'ai appelés à témoigner ne sont pas devenus des « personnes ». Ensuite, si certains chercheurs s'adressent à quelques-uns d'entre eux comme s'ils l'étaient, ce qu'on pourra en dire ne vaudra, jusqu'à présent, que pour ce loup-là, ce chimpanzé-là, cette ourse-là, ce corbeau-là, et pourrait d'ailleurs ne valoir que pour le petit nombre d'humains qui ont été engagés dans cette histoire. Certes, le « devenir personne » pour des êtres autres qu'humains s'avère relever d'histoires chaque fois singulières, locales, rares. Mais ce que les scientifiques nous apprennent présente cependant une portée beaucoup plus générale.

Ces scientifiques inventent et évaluent des dispositifs de transformation : ils travaillent sur ce que peuvent créer les liens ; ils expérimentent passionnément la production d'existences. Et, de fait, certains font exister des personnes, c'est-à-dire des êtres proches, uniques et créateurs de liens personnels, des êtres qu'ils autorisent, en outre, à les faire exister eux-mêmes comme des personnes, et non plus comme des scientifiques « dissociés ».

En nous inspirant de ce que les sociologues Arluke et Sanders disent de la conscience lorsqu'ils suggèrent qu'elle est un produit de relations sociales[42] – tout en soulignant que cette définition *ouvre la porte aux acteurs non humains dans le monde des personnes*[43] –, nous pourrions alors affirmer de la personne qu'elle est un *accomplissement social.*
Ce qui signifie ainsi que nos pratiques scientifiques ont commencé, avec les animaux, à prendre en charge ce que d'autres dispositifs de culture avaient jusqu'à présent assumé : accomplir socialement les êtres. Et cette affirmation, on vient de le voir, peut prendre tout son sens tant pour le scientifique humain que pour son animal.
Accomplir socialement les êtres peut prendre deux significations, intimement liées. Il s'agit, d'une part, de transformer un être, de lui donner l'occasion de grandir, d'actualiser des compétences, d'élargir le répertoire de celles-ci. C'est ce que toute société fait avec ses humains. Mais l'accomplissement social signifie aussi permettre à cet être de s'inscrire dans le social, d'y tisser des relations, de créer des liens et d'avoir de l'importance aux yeux des autres. Certes, c'est ce que fait, localement, chacun de ces scientifiques au sein de son dispositif. Mais ils pratiquent également cet accomplissement par extension : ils inscrivent leurs animaux dans des réseaux d'intérêts beaucoup plus vastes, notamment en rédigeant des articles ou en écrivant des livres qui mobilisent l'intérêt du public. N'est-ce pas ce qu'ils font lorsqu'ils partagent avec nous, en lieu et place de données statistiques, de généralisations ou de théories, leur étonnement, leur fierté devant ce dont leurs animaux se montrent capables ? En d'autres termes, si l'accomplissement social tient également dans le fait d'« importer » pour autrui, ces chercheurs ne sont-ils pas en train de nous proposer de participer à cet accomplissement ? Ne sont-ils pas en train de nous suggérer que leurs animaux importent également pour nous ?
Nul ne peut savoir où nous mèneront ces chemins d'apprentissage.
On peut imaginer. Seulement imaginer – rêver, pourrait-on dire.
Peut-être Victoria, dont je regarde le portrait, quelques loups, quelques

corbeaux et l'un ou l'autre ours dont les portraits restent encore à faire seront-ils les héros d'une histoire que nos petits-enfants raconteront. Peut-être même verront-ils, dans les musées, ce portrait de Victoria avec la mention : « Première personne honoraire », ce qui sera plus joli que « Première personne autre qu'humaine ». Les portraits, alors, documenteront et archiveront l'histoire de toutes ces personnes honoraires qui se sont accomplies dans ce moment particulier de ce qui aura encore été, à cette époque, l'histoire des seuls humains. Car c'est bien là que réside l'importance du travail de Chris Herzfeld : celui d'accompagner, comme autant de promesses, les accomplissements.

---

1. Gallup commence par familiariser des chimpanzés avec des miroirs. Le chimpanzé assez rapidement, utilise celui-ci pour inspecter les parties de son corps qui seraient inaccessibles sans la médiation du reflet. Gallup, à ce stade, endort les chimpanzés et leur peint une marque de couleur sur le front. Quand le chimpanzé se réveille et va se voir dans le miroir, il essaie d'effacer, sur son front, la marque de couleur, et non pas celle que porte le miroir.

2. « A few peculiar primates », *in* S. Strum et L. Fedigan, *Primate Encounters: Models of Science, Gender and Society*, Chicago, University of Chicago Press, 2000, p. 57-70. Et « Till death us do part: Long-lasting bonds between ewes and their daughters », *Anim. Behav.*, 42, 1991, 681-682.

3. Voir par exemple Denise L. Herzing et Thomas I. White « Dolphins and the question of personhood », *Etica and Animali*, 9, 1998, 64-84.

4. Je renvoie pour ce point à l'analyse de Charles Taylor (*Les Sources du moi*, trad. J.-P. Dupuy, Paris, Seuil, 1998) et plus particulièrement à sa critique p. 47. On trouvera chez Dominique Lestel une remise en cause du parti pris culturel de nos définitions de la spécificité humaine, également inspirée de Charles Taylor, *L'Animal singulier*, Paris, Seuil, coll. « La couleur des idées », 2004.

5. Voir à ce sujet le travail de l'anthropologue Catherine Lutz qui montre par exemple que la notion même de conscience peut considérablement varier d'une culture à l'autre. *Unnatural Emotions. Everyday Sentiments on a Micronesian Atoll and Their Challenge to Western Theory*, Chicago, The University of Chicago Press, 1988.

6. Voir la passionnante recherche de Luc Boltanski autour de ce qu'il nomme, dans son étude de l'avortement, les « pratiques d'engendrement » ; *La Condition fœtale*, Paris, Gallimard, « NRF Essais », 2004.

7. (2004) « Living cadavers and the calculation of death », *Body and Society*, Sage Publications, vol. 10 (2-3): 135-152, 2004, p. 150.

8. Selon les psychologues Rom Harré et Paul Secord, l'identification stricte de la personne biologique et de la personne sociale, qui guide généralement les conceptions que la psychologie occidentale privilégie lorsqu'elle envisage les personnes, ne permet pas, par exemple, de comprendre ce qu'est être une personne au Japon. En effet, chez les Japonais, il n'y a pas un système mental intégré, unique, « interne » ; la consistance qui définit la personne existe, bien entendu, mais sur le mode de la coexistence, puisqu'elle est dépendante du rôle : en d'autres termes, comprendre ce qu'est une personne exige de prendre en compte les différents univers relationnels qui chacun la définissent (R. Harré et P. Secord, *The Explanation of Social Behaviour*, Oxford, Basil Blackwell, 1972).

9. Ce qui donnera, dans une première version de ce qui deviendra *Voyage chez les babouins*, le titre *Almost Human*.

10. « Conscious chimpanzee ? », *in* A. Risteau (éd.), *Cognitive Ethology: The Minds of Other Animals*, Hillsdale, Lawrence Erlbaum Associates, 1990.

11. Paris, Calman-Lévy, 3e édition, 1973, p. 292.

12. H. Harlow et S. Suomi, « Induced depression in monkey », *Behavioral Biology*, 12, 1974 : 273-296, p. 274

13. P. Singer, *La Libération animale*, trad. par L. Rousselle, Paris, Grasset, 1993, p. 74 et suiv.

14. Sergio Dalla Bernardina pour les « quasi-personnes », « Une personne pas tout à fait comme les autres. L'animal et son statut », *L'Homme*, 120,

oct.-déc. 1991, 33-51. Philippe Descola pour les « personnes autres qu'humaines », *La Nature domestiquée*, Paris, Éd. de la Maison des sciences de l'homme, 1986.

15. On pourrait aussi remarquer que, s'il paraît nécessaire de devoir rendre des comptes, de justifier, d'expliquer comment les animaux deviennent des personnes, c'est justement parce qu'il nous paraît « naturel » qu'ils ne le soient pas. Le fait que les animaux *ne soient pas* des personnes, ou qu'ils soient des « non-personnes » appartiendrait en quelque sorte à leur essence, à leur nature ; en revanche, le fait qu'ils puissent le devenir serait de l'ordre de la construction, de notre histoire, de la culture, voire de l'anthropomorphisme. On devrait d'ailleurs s'interroger sur le fait qu'il n'y a pas de terme pour désigner l'opération inverse de l'anthropomorphisme, celle qui consiste à envisager l'animal dans ce qu'il a de moins humain, en maximalisant la bestialité. Le zoomorphisme ne s'applique pas à nos perceptions ; il désigne le fait que l'animal nous perçoit comme un membre de son espèce.

16. Dans une autre perspective, l'analyse de Dalla Bernardina emprunte en quelque sorte le même chemin, lorsqu'il essaie de comprendre comment l'animal familier, dans le monde rural, passe au moment de la décision de mise à mort du statut de « quasi-personne » à celui de « chose » et les processus de transformations pratiques qui font que celui qui avait été vécu comme foncièrement humain change à la fois de comportement et d'identité.

17. Voir à ce sujet J. Porcher, *Éleveurs et animaux: réinventer le lien*, Paris, PUF, 2002.

18. *Regarding Animals*, Philadelphie, Temple University Press, 1996, p. 81.

19. *Les Animaux sauvages en captivité. Introduction à la biologie des jardins zoologiques*, Paris, Payot, 1953, p. 210.

20. Si ce n'est justement Hediger qui eut le mérite de valoriser ce savoir.

21. *Op. cit.*, p. 211.

22. Voir à ce sujet les travaux de Dominique Lestel et plus particulièrement ce qu'il appelle les « communautés hybrides » de partage de sens et d'affects, *L'Animalité. Essai sur le statut de l'humain*, Paris, Hatier, coll. « Optiques », 1996.

23. Cette histoire, dans l'état actuel des choses, a déjà été racontée et mise en perspective par Dominique Lestel, qui montre bien les conditions historiques et locales de possibilités de la singularisation animale, de son entrée en biographie, et des enjeux de ce qui doit se négocier. *L'Animal singulier* ; *op. cit.*

24. Bruno Latour désigne sous le nom de « trajectoires d'apprentissage » les situations d'expérimentation collectives risquées, sans autre garantie que la qualité de son apprentissage. J'ai choisi le terme chemin pour insister sur le fait que, de la position d'observation et de diagnostic que j'occupe, les trajets que je vais suivre s'apparentent plus à ceux d'une promenade dans des sentiers déjà marqués, *Politiques de la nature*, Paris, La Découverte, 1999, p. 362.

25. Ce dont on ne peut être sûr, si l'on se souvient de ce que peut produire le fait de ne s'adresser aux animaux qu'en déniant toute possibilité d'intentionnalité ou de réponse : ils deviennent, pour reprendre les termes de Hearne, stupides.

26. Non seulement Rosenthal qui mit cette hypothèse à l'épreuve de l'expérimentation, mais quantité de scientifiques en sont arrivés aux mêmes conclusions. Voir D. Dewsbury, « Studies of rodent-human interactions in animal psychology », *in* Hank Davis et Diane Balfour, (éd.), *The Inevitable Bond: Examining Scientist-Animal Interaction,* Cambridge, Cambridge University Press, 1992, p. 27-44, p. 34 et suiv.

27. R. Rosenthal, *Experimenter Effects in Behavioral Research*, New York, Appelton, 1966. Voir pour une analyse plus complète V. Despret, *Naissance d'une théorie éthologique. La danse du cratérope écaillé*, Paris, Les Empêcheurs de penser en rond, 1996.

28. Voir à ce sujet I. Stengers, *L'Invention des sciences modernes*, Paris, La Découverte, 1993.

29. J. Fentress, « The covalent animal: On bond and their boundaries in behavioral research », *in* Hank Davis et Diane Balfour (éd.), *op.cit.*, p. 44-72.

30. D. Dewsbury, *op.cit.*, p. 27-44.

31. K. Lorenz, *L'Agression,* trad. de V. Fritsch, Paris, Flammarion, 1969, p. 137.

32. *Op. cit.*, p. 54.

33. On notera en outre que les deux ourses figurent dans les remerciements de certaines des publications et thèses de ceux qui ont travaillé avec elles. G. Burghardt, « Human-bear bonding in research on black bear behavior » *in* Hank Davis et Diane Balfour (éd.), *op. cit.*, p. 365-383.

34. S. Boysen, « Pongid pedagogy: The contribution of human-chimpanzee interactions to the study of ape congition », *in* Hank Davis et Diane Balfour (éd.), *ibid.*, p. 205-218, p. 209.

35. *Ibid.*, p. 214.

36. *Raven in Winter*, New York, Vintage Books, 1991, p. 133 (c'est moi qui souligne).

37. *Mind of the Raven*, New York, Harper Collins, 2000, p. 32 (pour chacun de ces passages, c'est moi qui souligne).

38. *Ibid.*, p. 81.

39. *Ibid.*, p. XVII.

40. Voir un travail exemplaire par rapport à cette démarche, la thèse présentée à l'INRA par Séverine Montaudouin, *Significations des activités des ours bruns* (Ursus arctos arctos) *en captivité : perspectives d'amélioration de leur bien-être*, 2004.

41. J'ai également retrouvé cette idée chez le psychologue Oskar Pfungst, qui a dressé une intéressante typologie des humains et de leurs talents en fonction de leur capacité à obtenir du cheval Clever Hans, le cheval dont on a un temps pensé qu'il pouvait compter, des réponses correctes aux questions qui lui étaient proposées. O. Pfungst, *Clever Hans (The horse of Mr Von Osten). A contribution to Experimental Animal and Human Psychology*, trad. de l'allemand par C. Rahn, Bristol, Tokyo, Thoemmes Press & Maruzen Co. [1911], 1998.

42. *Op. cit.*, p. 41.

43. *Ibid.*, p. 65. Je soulignerai que, hormis ces sociologues, la position la plus audacieuse et la plus inventive quant à la possibilité de dissocier la notion de personne de la notion d'humain, en soulignant le fait que les « frontières de la personne sont à géométrie variable », émane d'une sociologue de l'art, Nathalie Heinich. Elle propose de considérer, pour sortir de l'impasse, que la personne est non pas une essence, mais une *fonction*, au sens où Michel Foucault désignait la « fonction d'auteur ». Ajoutons encore que Heinich propose de classer les œuvres d'art, les reliques et les fétiches dans la catégorie des objets-personnes, notamment parce qu'ils ont fait l'objet d'un *travail de particularisation* qui les rend *insubstituables*. « Les objets-personnes », *Sociologie de l'art*, 6, 1993 et republié dans B. Edelman et N. Heinich, *L'Art en conflits. L'œuvre de l'esprit entre droit et sociologie*, Paris, La Découverte, 2002.

Remerciements

Les photographies de Chriz Herzfeld ont été reproduites avec l'aimable autorisation des institutions suivantes :

- Busch Gardens, Tampa, Floride
- Chaffee Zoological Gardens, Fresno, Californie
- Disney's Animal Kingdom, Winter Garden, Orlando, Floride
- Jardins zoologique et botanique Wilhelma, Stuttgart
- Los Angeles Zoo, Californie
- Louisville Zoological Garden, Kentucky
- Lowry Park Zoo, Tampa, Floride
- Ménagerie du Jardin des Plantes, Muséum national d'histoire naturelle, Paris
- San Francisco Zoological Society, San Francisco, Californie
- Société royale de zoologie, Anvers
- Wildlife Conservation Society, Bronx, New York
- Zoologischer Garten Köln, Cologne

Cet autre regard sur les grands singes et ces beaux regards singes se tournent vers Odile Jacob, pour la remercier de ses engagements éditoriaux qui honorent le monde du livre et les sciences.

Pascal Picq

Je souhaite exprimer mes plus vifs remerciements à tous ceux qui ont permis ce travail :
– l'équipe de la ménagerie du Jardin des Plantes (Muséum national d'histoire naturelle, département des jardins botanique et zoologique), plus particulièrement Jacques Rigoulet, Gérard Dousseau, Franck Simonnet, Christelle Hano, Émilie Gouverneur et Géraldine Pothet ;
– le zoo d'Anvers (Société royale de zoologie d'Anvers), tout spécialement Linda Van Elsacker, Peter Galburesa et Bruno Van Puijenbroeck, de même que les soigneurs des bonobos du parc zoo-logique de Planckendael, dirigés par Stéphane Dawance ;
– le Bronx Zoo (The Wildlife Conservation Society, New York), le Busch Gardens (Tampa), le zoo de Cologne, le Disney's Animal Kingdom (Orlando), le Louisville Zoo, le Lowry Park Zoo (Tampa) et le zoo Wilhelma de Stuttgart ;
– Lorin Milk (Lowry Park Zoo), Marianne Holtkoetter (zoo Wilhelma de Stuttgart), Jane Franklin et Roby Elsner (Louisville Zoo), Nannette Driver (Chaffee Zoo of Fresno), Linda Cory (Disney Animal's Kingdom) et Brian McCann (Busch Gardens) ;
- Jean-Pierre Bauduin.
Je tiens aussi à remercier Odile Jacob, Pascal Picq, Henry Herzfeld et Bruno Latour, qui furent les premiers à croire à ces portraits.
Merci également à l'équipe des Éditions Odile Jacob qui s'est occupée du livre pour son merveilleux travail.
Enfin, je remercie tous les grands singes que j'ai eu la chance de rencontrer jusqu'à présent... et salue la mémoire de Solok, Millie, Mukisi et Dzeeta, aujourd'hui disparus.

Chris Herzfeld

Photos : © Chris Herzfeld
Sauf photos n° 4, 6, 10, 14, 17, 18, 20, 25,
26, 32, 39, 40, 41, 45, 52, 53, 55, 62,
64, 73, 76, 77, 79 : © Chris Herzfeld/MNHN

Conception graphique : Philippe Apeloig

Photogravure : Nord Compo (Villeneuve-d'Ascq)

Imprimé en France
chez Kapp à Évreux (Eure)
en octobre 2005

N° d'édition : 7381-1659-X
Dépôt légal : octobre 2005